ISBN978-3-662-24154-7   ISBN 978-3-662-26266-5 (eBook)
DOI 10.1007/978-3-662-26266-5

Die in den Sitzungsberichten Abtlg. I und Abtlg. II der math.-nat. Klasse der Österr. Ak. d. Wiss. erscheinenden Abhandlungen werden auch einzeln abgegeben. Sie können durch jede Buchhandlung oder direkt durch die Auslieferungsstelle der Österreichischen Akademie der Wissenschaften (Wien I, Singerstraße 12) bezogen werden.

Nachfolgende Abhandlungen aus dem Fache der **Paläontologie** sind erschienen:

1953 (S I Bd. 162):

Papp A. und Küpper K.: Holothurienreste aus dem Torton des Wiener Beckens (mit 1 Tafel). S 3.—
Papp A. und Küpper K.: Die Foraminiferenfauna von Guttaring und Klein St. Paul (Kärnten). II. Orbitoiden aus Sandsteinen vom Pemberger bei Klein St. Paul (mit 4 Tafeln). S 13.60
Papp A. und Küpper K.: Über Stolonen von Auxiliarkammern bei Orbitoides und Lepidorbitoides (mit 1 Tafel). S 4.—
Papp A. und Küpper K.: Die Foraminiferenfauna von Guttaring und Klein St. Paul (Kärnten). III. Foraminiferen aus dem Campan von Silberegg (mit 3 Tafeln). S 11.30
Sieber R.: Eozäne und oligozäne Makrofaunen Österreichs. S 8.50

1954 (S I Bd. 163):

Bachmayer F.: Zwei bemerkenswerte Crustaceen-Funde aus dem Jungtertiär des Wiener Beckens (mit 1 Tafel). S 6.60
Janetschek H.: Ein neues inneralpines Nunatakrelikt aus einer für die Alpen neuen Gattung (Ins., Thysanura) (mit 12 Textabbildungen). S 5.20
Obritzhauser-Toifl, Hertha: Pollenanalytische (palynologische) Untersuchungen von mehreren organischen Substanzen (mit 6 Textabbildungen). S 30.—
Schremmer F.: Bohrschwammspuren in Actaeonellen aus der nordalpinen Gosau (mit 1 Tafel). S 3.80
Strouhal H.: Isopodenreste aus der altplistozänen Spaltenfüllung von Hundsheim bei Deutsch-Altenburg (Niederösterreich) (mit 7 Textabbildungen und 2 Tafeln). S 10.30
Tollmann A.: Die Gattungen Lingulina und Lingulinopsis (Foraminifera) im Torton des Wiener Beckens und Südmährens (mit 2 Tafeln). S 9.90
Zapfe H.: Die Fauna der miozänen Spaltenfüllung von Neudorf a. d. March (ČSR). Proboscidea (mit 2 Textabbildungen und 2 Tafeln). S 12.30

1955 (S I Bd. 164):

Bachmayer F.: Die fossilen Asseln aus den Oberjuraschichten von Ernstbrunn in Niederösterreich und von Stramberg in Mähren (mit 9 Textabbildungen und 6 Tafeln). S 26.60
Beier M.: Insektenreste aus der Hallstattzeit (mit 4 Abbildungen und 2 Tafeln). S 6.40
Herre W.: Die Fauna der miozänen Spaltenfüllung von Neudorf a. d. March (ČSR), Amphibia (Urodela) (mit 6 Textabbildungen). S 14.80
Kühn O.: Die Bryozoen der Retzer Sande (mit 2 Tafeln). S 14.10
Papp A.: Orbitoiden aus der Oberkreide der Ostalpen (Gosauschichten) (mit 3 Tafeln). S 12.20
Papp A.: Die Foraminiferenfauna von Guttaring und Klein St. Paul (Kärnten): IV. Biostratigraphische Ergebnisse in der Oberkreide und Bemerkungen über die Lagerung des Eozäns (mit 4 Textabbildungen). S 12.20
Plöchinger B.: Eine neue Subspezies des Barroisiceras haberfellneri v. Hauer aus dem Oberconiader Gosau Salzburgs (mit 2 Textabbildungen und 1 Tafel). S 4.40
Tollmann A.: Die Foraminiferenentwicklung im Torton und Untersarmat in den Randfazies der Eisenstädter Bucht (mit 1 Textabbildung). S 6.70

1956 (S I Bd. 165):

Bernhauser A.: Kann intravitaler Befall durch Bohrorganismen an fossilen Fischzähnen nachgewiesen werden? (mit 10 Textabbildungen). S 7.60
Thenius E.: Zur Kenntnis der fossilen Braunbären (Ursidae, Mammal.) (mit 5 Textabbildungen und 1 Tafel). S 17.20
Thenius E.: Die Suiden und Thayassuiden des steirischen Tertiärs. Beiträge zur Kenntnis der Säugetierreste des steirischen Tertiärs. VIII. (mit 31 Textabbildungen). S 25.—

Die Fauna der Neuhauser Schichten von Waidhofen/Ybbs, NÖ. (Dogger, Klippenzone)

Von Bruno W. L. Kunz

(Paläontologisches Institut der Universität Wien)

Mit 2 Tafeln und 4 Textabbildungen

(Vorgelegt in der Sitzung am 18. Juni 1964)

1. Die Vorgeschichte

Die erste Erwähnung des hier behandelten Vorkommens erfolgte bei Geyer 1911, p. 53, in der es leicht kenntlich beschrieben, aber als Eozän aufgefaßt wurde, da die damals gefundenen Fossilien stratigraphisch unbrauchbar waren. Einige Jahre später fand der „vielbewährte Fossilsammler des naturhistorischen Hofmuseums" (nach Trauth 1919, p. 333) A. Legthaler eine reichliche Fauna, die F. Trauth bestimmte und stratigraphisch auswertete, aber trotz einer diesbezüglichen Ankündigung (1919, p. 335) nicht mehr paläontologisch beschrieb; selbst die 11 als neu genannten Arten blieben nomina nuda. Hofrat Trauth stimmte daher ausdrücklich zu, daß ich diese Bearbeitung nachhole[1].

Eigene Begehungen erbrachten infolge Verrutschung und Verwachsung der Fundstellen nur wenigen Zuwachs, doch hatte die Revision der Gesamtfauna eine Änderung des stratigraphischen Umfanges der Schichten zur Folge.

---

[1] Die vorliegende Arbeit stellt einen z. T. gekürzten Auszug einer Dissertation dar, die am Paläontologischen Institut der Universität Wien durchgeführt und 1964 approbiert wurde. Der Österreichischen Akademie der Wissenschaften bin ich für die Ermöglichung einer Reise zu den Typlokalitäten des englischen Dogger und des Vergleichs der Fossilien mit den Typen im British-Museum dankbar; ebenso Herrn Curator Dr. L. R. Cox für seine Unterstützung. Herrn Hofrat Prof. Dr. F. Trauth und Herrn Direktor Prof. Dr. H. Zapfe am Naturhistorischen Museum danke ich für die Versorgung mit Material und Literatur.

2. Der Fundort

Der hauptsächliche (namengebende) Aufschluß liegt im Neuhauser Graben östlich von Waidhofen a. d. Ybbs, Niederösterreich. Dieser Graben hat an dem Höhenrücken, der das Tal des Urlbaches vom Ybbstal trennt, in mehreren Ästen seinen Ursprung, zieht in südlicher Richtung und erreicht das Ybbstal nördlich der Ybbsbrücke bei Gstadt. In diesem Graben bilden die „Neuhauser Schichten" im Wald einen baumbewachsenen Felsen geringer Ausdehnung — etwa 10 m hoch und ungefähr 40 m im Umfang — der sich aus dem weicheren Material der Umgebung recht deutlich heraushebt. Die von TRAUTH (1919, p. 333) gegebene Ortsangabe, „ca. 300 m ENE des Gehöftes Grub" ist unbrauchbar, da besagtes Gehöft seit Jahrzehnten nicht mehr existiert. Der Punkt ist am ehesten zu finden, wenn man vom Schmitzbichler-Hof (auf der österreichischen Karte 1:25.000 als „Riederlehen" eingetragen, dieser Name ist allerdings bei der einheimischen Bevölkerung völlig unbekannt) in WSW-Richtung hangabwärts etwa 500 m geht; man trifft dann nach Überquerung des östlichen Grabenastes direkt auf den Aufschluß.

Dieser war bereits im Sommer 1914 stark verwachsen (TRAUTH 1919, p. 333) und man kommt nur mit Mühe zum anstehenden Gestein. Das häufigste vorkommende Fossil sind Röhrenbüschel von *Serpula socialis* GOLDFUSS, mit deren Hilfe sich auch abgerutschte Blöcke leicht identifizieren lassen — manchmal ist das Gestein den in der Nähe vorkommenden unterliassischen Grestener Schichten (Sandsteinen) sehr ähnlich.

3. Fazies und Erhaltungszustand

Die Schichten zeigen deutlich den Charakter einer litoralen Ablagerung. Vorherrschend ist eine Breccie aus vorwiegend eckigen, selten schwach kantengerundeten, bis dezimetergroßen Brocken, die offensichtlich nur wenig transportiert wurden. Komponenten sind Quarz (reinweiß bis hellgrau), Brocken von kristallinen Gesteinen (hauptsächlich granit- und glimmerschieferähnlich), hell- bis dunkelgrauer Kalk und Dolomit[2], helle Mergel und stark braun gefärbte feinkörnige Sandsteine. Sehr selten finden sich kleine Kohlebröckchen, die TRAUTH von zur Bildungszeit der Breccie in Küsten-

---

[2] Nach TOLLMANN (1963, p. 127) handelt es sich dabei eher um aufgearbeitete Reste von Mitteltriasdolomit als um Hauptdolomit, wie TRAUTH annahm.

nähe anstehenden Grestener, d. h. unterliassischen Kohleflözen herleitet. Die feinkörnigeren Teile der Breccie bestehen überwiegend aus Quarzkörnern und Kalkbruchstücken, meist Muschelschalenfragmenten, wie sich im Schliff zeigt.

Zwischen die Breccie eingeschaltet kommen relativ häufig größere Partien von stark sandigem Kalk und sandigen Kalkmergeln von gelblicher Farbe vor, die allerdings stratigraphisch von der Breccie nicht zu trennen sind — das im folgenden beschriebene Exemplar von *Lima complanata* LAUBE liegt z. B. je zur Hälfte auf grober Breccie und feinkörnigem sandigem Kalk. Diese feinkörnigen Partien sind von hellbrauner bis -grauer Farbe und lassen sich in ihrem Aussehen oft kaum von den in engster Nähe des Aufschlusses entstehenden *Posidonia-alpina*-Schichten unterscheiden. Möglicherweise sind die grauen, sandigen *Posidonia-alpina*-Mergel mit den Neuhauser Schichten richtiggehend verzahnt, immerhin reichen sie altersmäßig vom Dogger δ bis in ξ, sie sind wahrscheinlich auch, was die Tiefe der Ablagerung betrifft, von den Neuhauser Schichten nicht weit entfernt. Die Aufschlußverhältnisse sind allerdings so schlecht, daß dies durch direkte Beobachtung nicht bestätigt werden kann. Im Schliff zeigen diese feinkörnigen Partien häufig im cm-Bereich eine zentripetale Korngrößensortierung, was auf starke kleinräumige Wasserturbulenz zur Zeit der Ablagerung schließen läßt — verursacht etwa durch Gezeitenbewegungen —, und dafür spricht, daß auch diese Sedimente Ablagerungen des seichten Wassers darstellen. Beim Zerschlagen des Gesteins tritt manchmal intensiver bituminöser Geruch auf.

Die Schichten sind von zahlreichen unregelmäßig verlaufenden und bis zu mehreren cm starken Kalzitadern durchzogen.

Wie bei Molluskenschalen aus Ablagerungen stark bewegten Wassers nicht anders zu erwarten, sind vollständig erhaltene Exemplare sehr selten, die meisten sind offenbar schon vor oder während der endgültigen Einbettung zerbrochen worden; die Mündung der Gastropoden- und Cephalopodenschalen ist nirgends erhalten. Soweit doppelklappige Exemplare von Lamellibranchiaten vorliegen, sind die beiden Schalenklappen häufig gegeneinander etwas verschoben. Meistens sind aber nur mehr Steinkerne bzw. Abdrücke der ursprünglichen Schalen vorhanden. Wenn Lamellibranchiaten mit beiden Schalenklappen geschlossen eingebettet wurden — was z. B. bei den vorliegenden Arten von *Parallelodon* und *Lucina* die Regel ist — wurde der Steinkern aus bis zu mehreren cm dicken Schichten von Kalksinter gebildet. Große Exemplare von *Lucina herculea* nov. spec. wurden nicht vollständig von Kalksinter erfüllt, für derartige Steinkerne wurde die Bezeichnung „Hohlsteinkerne" verwendet (TRAUTH 1919, p. 339). In den wenigen Fällen, in denen Schalen erhalten blieben, sind sie in gelblichen Kalzit umkristallisiert.

4. Paläontologischer Teil

Die Fauna besteht hauptsächlich aus einer Koralle, Würmern, Muscheln, Schnecken und Cephalopoden, die nachfolgend beschrieben werden. Außerdem wurden gefunden:

Foraminiferen in Schliffen feinkörnigerer Gesteinspartien, Querschnitte von Milioliden und Polymorphiniden,

Brachiopoden in drei besonders schlecht erhaltenen Stücken, die nicht einmal eine sichere gattungsmäßige Bestimmung zulassen (Rhynchonellen?),

Belemniten, schlecht erhaltene Bruchstücke von Rostren, ebenfalls unbestimmbar,

Crinoiden-Stielglieder,

Echinoiden-Stachel und -Plattenbruchstücke, die nur im Schliff an ihrer gegitterten Struktur erkennbar sind.

ANTHOZOA

Complexastrea cottaldina (D'ORB)
(Taf. 1, Fig. 1)

1885 *Confusastrea cottaldina* KOBY, p. 260, tab. 76, fig. 3—5 (ibid. Lit.).
1919 *Confusastrea cottaldina* TRAUTH, p. 335.

Großes Bruchstück einer Kolonie, etwa 75 × 70 × 40 mm. Der Kelchdurchmesser erreicht bis 40 mm. Keine Perithek, außerhalb der dünnen Mauer kurze Rippen, daher Septen scheinbar confluent. Extracalicinale Sprossung.

Septen 48—54, sehr ungleich, sowohl der Länge wie der Dicke nach; Seitenwände der Septen gekörnt, was bei dünnen Septen deutlicher sichtbar ist. Endothek reichlich, keine Columella; nur gelegentlich verbinden sich zwei Septeninnenenden miteinander. Was man für eine Columella halten könnte, sind nur bei der Sedimentation in den Kelchraum herabgeglittene Sandkörnchen.

VAUGHAN & WELLS haben die Gattungen *Confusastrea* und *Complexastrea* miteinander vereinigt. ALLOITEAU (1957, p. 157—159) hebt diese Vereinigung wieder auf; er hat die Unterschiede zwischen *Confusastrea* (Typus: *Agaricia crassa* GOLDFUSS) und *Complexastrea* (Typus: *Astrea burgundiae* LEYMERIE) betont, obwohl sie nicht bedeutend sind. Aber auch nach dieser Trennung gehört die vorliegende Form zu *Complexastrea* und zur Art *cottaldina*; die wenig größeren Kelche liegen wohl innerhalb der Variationsbreite.

Verbreitung: Die Art ist aus dem Bathonien von Frankreich und der Schweiz bekannt.

CHAETOPODA

Serpula (Cycloserpula) flaccida GOLDFUSS 1831

1956 *Serpula flaccida* PARSCH, p. 214 (ibid. Lit.).

Der Unterschied zwischen *Serpula (Cycloserpula) flaccida* GOLDFUSS und *Serpula (Cycloserpula) gordialis* SCHLOTHEIM ließe sich auch ökologisch erklären. *Serpula (C.) flaccida* GOLDFUSS bildet unregelmäßig gebogene, aber gestreckte oder im äußersten Fall in große Schlingen gelegte Röhren. *Serpula (C.) gordialis* SCHLOTHEIM tritt hingegen in enggewundenen Knäueln oder Spiralen auf (v. PARSCH 1956, p. 214). Dieser Unterschied kann auch auf der räumlichen Ausdehnung der Anheftungsstelle bzw. auf verschieden starker Wasserbewegung und -strömung beruhen; doch läßt sich diese Frage nur auf Grund größeren Materials entscheiden.

Verbreitung: Die Art kommt vor im Lias β, Dogger δ—ε, Malm α, δ—ε, mit einem gehäuften Auftreten im Dogger.

Serpula (Cycloserpula) socialis GOLDFUSS 1831
(Abb. 1)

1956 *Serpula (C.) socialis* PARSCH, p. 216 (ibid. Lit.).

Bis 3 cm dicke und 15 cm lange, unregelmäßig gebogene, in einzelnen Fällen auch verzweigte Büschel einer Unzahl von kalkigen Wurmröhren. Die gewebeartig dicht zu diesen Gebilden verflochtenen geraden oder zueinander unregelmäßig verbogenen Röhrchen besitzen einen Durchmesser bzw. eine lichte Weite von 0,2 bis 0,5 mm; die Wand ist außen und innen glatt. Wie der Querschliff zeigt, lagern sich von innen nach außen immer neue Wurmröhren an. Die nach außen zu gebildete Wand ist etwa halbkreisförmig; ob nach innen zu in den äußeren Reihen der Röhren überhaupt noch eine eigene Wand gebildet wird, läßt sich nicht erkennen, wahrscheinlich wird an bereits bestehende Röhren angebaut. Die einzelnen Röhrenbündel und -büschel sind durchwegs nur aus lauter untereinander annähernd gleichstarken Röhren aufgebaut.

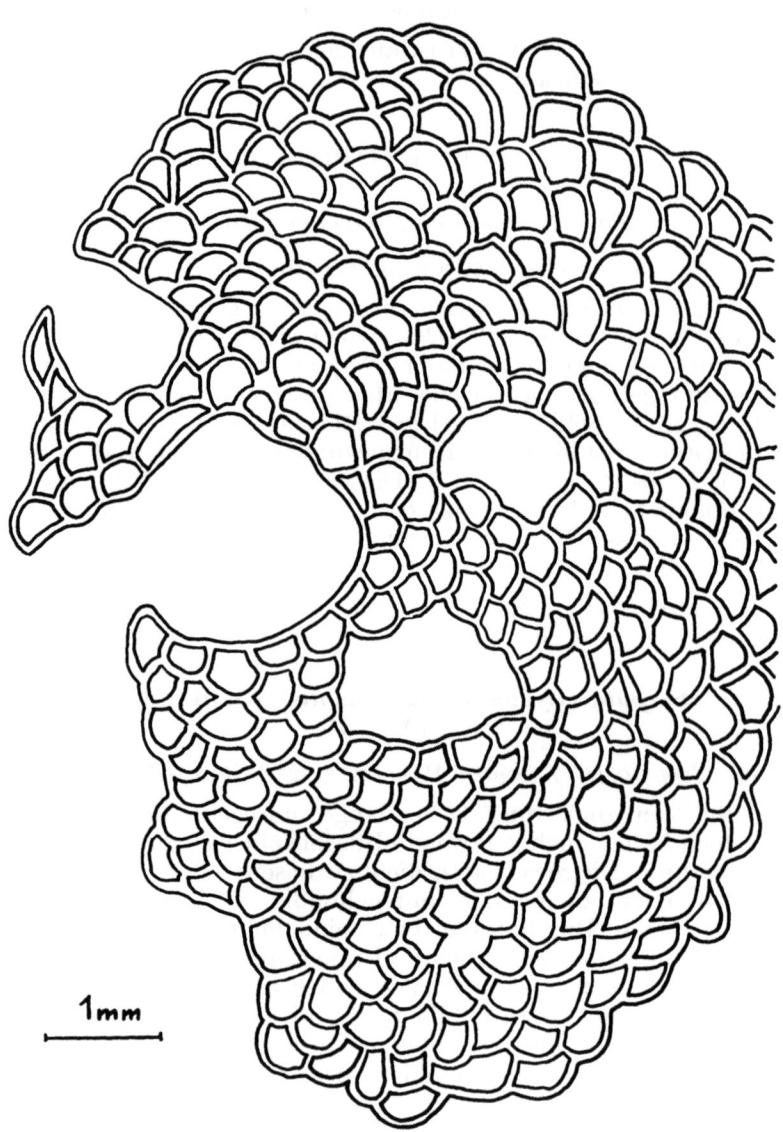

Abb. 1. *Serpula (Cycloserpula) socialis* Goldf. stark vergr. Querschliff.

Serpula (Cycloserpula) socialis GOLDFUSS ist im Neuhauser Graben recht häufig. Möglicherweise handelte es sich bei den von GEYER (1911, p. 53) erwähnten Bryozoen um die vorliegende *Serpula*-Art. Im Gestein eingebettete und beim Zerschlagen quer getroffene oder nur schwach herausgewitterte Röhrenkolonien sehen auch unter der Lupe bei flüchtigem Betrachten durchaus bryozoenähnlich aus.

Verbreitung: Die vorliegende Art kommt nach PARSCH in Deutschland im Lias α, Dogger δ—ε mit Häufigkeitsmaximum im Dogger ε vor; nach TERQUEM & JOURDY findet sie sich in Frankreich vom Bajocian bis in das Oxfordian, QUENSTEDTS Angabe (1858, p. 385), daß sie auch noch in der Kreide und rezent auftreten soll, erscheint unglaubwürdig.

GASTROPODA

Puncturellopsis granulata (SOWERBY 1826)

1919 *Puncturella* sp. TRAUTH, p. 336.
1949 *Puncturellopsis granulata* ARKELL & COX, p. 51 (ibid. Lit.).

non: 1896 *Puncturella* cf. *acuta* HUDLESTON, p. 457, tab. 41, fig. 19.
1 Steinkern. Sehr kleine, konische Form.
DESLONGCHAMPS (1842, tab. 7, 24) bildet einen Steinkern ab, dem unser Exemplar nahezu völlig entspricht.
Puncturellopsis acuta (DESLONGCHAMPS 1842) ist eine etwas höhere Form, deren Vorderseite im oberen Teil leicht konkav ist.

Verbreitung: Bathonien supérieur von Frankreich nach GREPPIN 1888, äußerst selten im Great Oolite von England.

Discohelix nucleata BRÖSAMLEN 1909

1909 *Discohelix nucleata* BRÖSAMLEN, p. 202, tab. 17, fig. 6.
1919 *Discohelix nucleiformis* n. sp. TRAUTH, p. 336 (nomen nudum).

Zwei Schalenexemplare. Klein, flach, scheibenförmig. Die Windungen sind von abgerundet vierseitigem, außen breitem, nach unten zu schief nach innen gestelltem Querschnitt. Sie wachsen ziemlich rasch und gleichmäßig an, und bilden an der Oberseite, durch eine nur wenig tiefe Naht getrennt, eine ebene Fläche; an der Unterseite sind sie nach innen zu abgeschrägt. Das kleinere der beiden vorliegenden Exemplare läßt den von BRÖSAMLEN in seiner

Erstbeschreibung dieser Art vermuteten tief eingesenkten Nabel erkennen.

Die Schalen sind bei beiden vorliegenden Exemplaren völlig umkristallisiert. Die Oberfläche ist eben und glatt und läßt weder eine Skulptur noch Zuwachslinien erkennen (BRÖSAMLEN 1909 erwähnt in der Beschreibung des Typexemplars, eines Steinkerns, daß dieses „glatt bis auf die Andeutung von Buckeln an der Oberseite" sei).

Das kleinere vorliegende Exemplar stimmt in allen Einzelheiten mit der Abbildung des Holotypus überein; das größere, schlechter erhaltene, besitzt eine etwas schärfere Abrundung der letzten Windung an der Oberseite, doch ist dieser Unterschied zu unbedeutend, als daß er die Aufstellung einer neuen Art, noch dazu auf Grund eines schlecht erhaltenen einzigen Exemplares, rechtfertigen würde, wie TRAUTH 1919 meint.

Verbreitung: Die Art wurde bisher nur aus dem Lias δ von Dürnau (schwäbischer Jura) beschrieben.

Scurria nitida (DESLONGCHAMPS 1842)

1919 *Patella nitida* TRAUTH, p. 336.
1932 *Scurria nitida* HABER, p. 200 (ibid. Lit.).
non: 1896 *Patella (Scurria?) nitida* HUDLESTON, p. 461, tab. 42, fig. 7.

Ein Steinkern, teilweise von Schalenresten bedeckt. Stumpfkegelige, ziemlich hohe Form.

Scurria nana (SOWERBY 1824) ist der vorliegenden Art sehr ähnlich, doch liegt bei ihr die Spitze immer genau zentral, sie ist außerdem breiter und entspricht fast einem Kreiskegel. Bei der ebenfalls sehr ähnlichen *Scurria bathensis* ROLLIER 1918 liegt hingegen die Spitze viel mehr exzentrisch als bei der vorliegenden Art.

Das von HUDLESTON (1896, tab. 42, fig. 7a—b) unter dem Namen *Patella (Scurria?) nitida* abgebildete Exemplar wurde zum Typ für die von HABER (1932, p. 206) aufgestellte *Scurria subnitida*. Diese Art ist bedeutend niederer, sie ist auch in ihrer Verbreitung auf das Aalenian beschränkt.

Verbreitung: Nach HABER (1932, p. 200) ist die Art auf den oberen Teil des Bathonien von Frankreich beschränkt.

Amberleya (Amberleya) trauthi nov. spec.
(Taf. 1, Fig. 2—3)

1919 *Amberleya nodigera* nov. spec. TRAUTH, p. 336 (nomen nudum).

Holotypus: Das auf Taf. 1, Fig. 2, abgebildete Exemplar. Naturhistorisches Museum Wien, Akquis. Nr. 1912 — VIII — 66.

Locus typicus: Neuhauser Graben bei Waidhofen a. d. Ybbs, N.Ö.

Stratum typicum: Klastisches Bathonian (Neuhauser Schichten).

Derivatio nominis: In honorem F. TRAUTH, erstem Bearbeiter der Neuhauser Schichten.

6 Steinkerne mit Schalenresten.

Diagnose: Große *Amberleya* mit zwei spiralen Stachelreihen, von denen die untere stärker erhoben ist und stärkere Stacheln trägt. Die einander gegenüberliegenden Stacheln der beiden Reihen sind nur durch sanfte Erhebungen verbunden, ohne daß es zur Ausbildung von richtigen Querrippen kommt. Die Unterseite der Windungen trägt nur einen einzigen spiraligen, abgestumpften Kiel.

Beschreibung: Hohes, spitzkegelförmiges Gehäuse, der Spiralwinkel beträgt rund 50^0. Die Windungen nehmen rasch und gleichmäßig zu, die Endwindung ist hoch, ihre Höhe beträgt fast die Hälfte der Gesamthöhe. Die Schale selbst ist mäßig dünn.

Die einzelnen Windungen sind deutlich voneinander abgesetzt, die Sutur ist als dünne Linie zu erkennen. An die Sutur schließt sich nach unten zu ein schräg abfallender, leicht konkaver Absatz, dessen Ende die erste, schwächere Stachelreihe bildet. Zur zweiten, stärkeren Stachelreihe fällt die Schale fast senkrecht — ebenfalls wieder leicht konkav eingebuchtet — ab. Die Unterseite der letzten Windung ist mäßig stark gewölbt und bis auf einen schwachen, stumpfen Kiel ohne Skulptur.

Die Stacheln der beiden Reihen sind untereinander und mit den jeweils gegenüberliegenden Stacheln der anderen Reihe durch eine leichte Erhebung der Schale verbunden. Auf einen Schalenumgang entfallen in einer Reihe 16 bis 18 Stacheln. Durch äußere Abnützung zu Lebzeiten des Tieres sind die Stacheln meist zu Knoten abgerieben, die Schalenskulptur zeigt sich dann als ein spiraliges Band von vertieften Quadraten, an deren Ecken sich Knoten erheben.

Die deutlich erkennbaren Zuwachslinien ziehen von der Sutur bis zur oberen Stachelreihe stark schräg nach hinten, verlaufen zwischen den beiden Stachelreihen in schwachem, nach hinten gewölbtem Bogen und von der unteren Stachelreihe schwach schräg nach vorne, was dem für die Gattung *Amberleya* u. a. charakteristischen oben stark vorgezogenen Außenrand der Mündung entspricht.

Spindel und Mündung ließen sich an keinem der vorhandenen Exemplare beobachten.

Vergleich mit ähnlichen Arten:

Amberleya (A.) bathonica ARKELL & COX 1949 ist recht ähnlich, doch sind bei ihr die Verbindungen der gegenüberliegenden Stacheln bzw. Knoten als deutliche Querrippen ausgebildet, während die Verbindung der Knoten einer Reihe untereinander völlig zurücktritt; die Unterseite der Windungen ist bei dieser Art völlig glatt. Bei *Amberleya (A.) castor* D'ORBIGNY 1847 hingegen sind die Stachelreihen zu richtigen Kielen erhoben, während wieder die Querverbindung der Stacheln kaum hervortritt; sie trägt auch an der Unterseite der Windungen 4 spiralige Kiele und bleibt bedeutend kleiner, die Gesamthöhe schwankt um 15 mm.

Die Skulptur von *Amberleya (A.) trauthi* zeigt daher einen Übergang zwischen diesen beiden Arten.

Pseudomelania (Rhabdoconcha) multistriata (GEMMELLARO 1878)
(Taf. 1, Fig. 4)

1878 *Chemnitzia (Rhabdoc.) multistriata* GEMMELLARO, p. 261, tab. 24, fig. 5—6.

Ein Schalenexemplar, Spitze und Mündung fehlen. Dünnschaliges Gehäuse, spitz-kegelförmig, fast zylindrisch, Spiralwinkel rund 15°. Die Windungen wachsen sehr langsam und gleichmäßig an, sind nicht abgesetzt und nur durch eine linienförmige, kaum eingesenkte Sutur voneinander getrennt. Der Windungsquerschnitt ähnelt einem auf der Spitze stehenden Rhomboid. Die Außenseite der Windungen ist in der Mitte schwach nach außen gewölbt, nahe der Sutur sind die Windungen schwach eingedellt, so daß die Sutur auf einem schwachen Wulst erhoben verläuft.

Die Skulptur besteht aus zahllosen feinen spiraligen Linien, die in verschiedener Stärke unregelmäßig nebeneinander stehen, es entfallen etwa 5 bis 7 derartiger Linien auf 1 mm Windungshöhe. Die undeutlich erkennbaren Zuwachslinien sind leicht nach hinten geschwungen, ihr oberer und unterer Endpunkt liegen in einer senkrechten Linie.

Die Untergattung *Rhabdoconcha* wurde von GEMMELLARO 1878 als Untergattung von *Chemnitzia* D'ORBIGNY 1839 aufgestellt. Nach WENZ (1940, p. 869) ist aber *Chemnitzia* als Untergattung der tertiären bis rezenten Gattung *Turbonilla* RISSO 1826 zu betrachten und *Rhabdoconcha* der Gattung *Pseudomelania* PICTET & CAMPICHE 1862 zuzuordnen (WENZ 1938, p. 373). Die beiden Gattungen sind in ihrem allgemeinen Habitus recht ähnlich; *Turbonilla* besitzt allerdings einen nicht zusammenhängenden Mundrand, ein Merkmal, auf das GEMMELLARO — wahrscheinlich wegen dem recht unterschiedlichen Erhaltungszustand seines Materials — wenig Aufmerksamkeit richtete. Nach WENZ wären daher die meisten der seinerzeit als Chemnitzien beschriebenen jurassischen Arten zur Gattung *Pseudomelania* zu stellen.

Verbreitung: Nach GEMMELLARO ein Exemplar aus dem unteren Bathonian der Umgebung von Palermo (Sizilien); sonst bisher nirgends.

Neridomus involuta (LYCETT 1863)

1919 *Nerita involuta* TRAUTH, p. 335.
1949 *Neridomus involuta* ARKELL & COX, p. 66 (ibid. Lit.).

Ein Schalenexemplar mit Mündung. Die Windungen sind von nahezu kreisförmigem, an der Innenseite etwas eingebuchtetem Querschnitt. Sie nehmen sehr rasch und gleichmäßig zu. Die älteren Windungen werden von der letzten fast völlig umschlossen — die Höhe der letzten Windung entspricht praktisch der Gesamthöhe — die Spira ragt kaum hervor; da außerdem die Naht fast nicht eingesenkt ist, bildet die Oberseite nahezu eine Ebene. Die Schale ist mäßig dünn, an der Oberfläche glatt glänzend und bis auf zahllose feine Zuwachslinien nicht skulptiert. Die Mündung ist am vorliegenden Exemplar nicht erhalten.

Die nahestehende *Neridomus minuta* SOWERBY 1823 besitzt noch viel rascher zunehmende Windungen, *Neridomus hemisphaerica* ROEMER 1839 besitzt eine zwar nicht viel, aber immerhin deutlich aus der letzten Windung herausragende Spira.

Verbreitung: Bisher nur aus dem Great Oolite von Kirklington in England (mittleres bis unteres Oberbathonian) beschrieben.

Purpuroidea lycettea HUDLESTON & WILSON 1892

1919 *Purpuroidea* cf. *nodulata* TRAUTH, p. 336.
1949 *Purpuroidea lycettea* ARKELL & COX, p. 67 (ibid. Lit.).

Von dieser Art liegt nur ein Steinkern vor, da er jedoch in jeder Hinsicht dem von MORRIS & LYCETT (1850, tab. 5, fig. 4) und auch den von SOWERBY (1829, Taf. 578, Fig. 4) abgebildeten Steinkernen durchaus gleicht, kann ich ihn mit Sicherheit der Art zuordnen.

Große Form von abgerundet kreiselförmigem Aussehen. Die Windungen nehmen mäßig rasch und gleichmäßig zu, die Höhe der letzten Windung beträgt etwas mehr als die Hälfte der Gesamthöhe.

Das Gewinde ist erhoben und kegelförmig, der Apikalwinkel beträgt 60°. Die einzelnen Umgänge sind wenig gewölbt, die Endwindung ist bauchig und nach unten gerundet. Am Steinkern erweist sich auch die Oberseite der Umgänge als gut gerundet und nur wenig abgeflacht. Von der Knotenreihe an der Oberseite der Umgänge ist am Steinkern nichts zu bemerken. Die Mündung ist nicht erhalten. Alle Autoren geben an, daß Steinkerne dieser Art überaus häufig, einigermaßen gut erhaltene Schalenexemplare jedoch äußerst selten sind.

Verbreitung: Die Art wurde bisher nur aus englischen Fundpunkten, u. zw. aus dem Great Oolite beschrieben.

Globularia lorieri (D'ORBIGNY 1850)

1891   *Natica* cf. *Lorieri* HUDLESTON, p. 259, tab. 20, fig. 8 (ibid. Lit.).
1919   *Natica Lorieri* var. *proxima* TRAUTH, p. 336.

Ein Schalenexemplar, schlecht erhalten.

HUDLESTON (1891, p. 260) gibt als Charakteristikum der von ihm aufgestellten *Natica Lorieri* var. *proxima* das Vorhandensein eines deutlichen Nabelspaltes an. Da gerade diese Schalenpartie am vorliegenden Exemplar verdeckt und nicht zu beobachten ist, war es nicht möglich, es analog zu TRAUTH (1919, p. 336) als *Globularia lorieri proxima* zu beschreiben.

Die zu *Globularia lorieri* nächst verwandte Art ist *Globularia adducta* (PHILLIPS 1835, non D'ORBIGNY). Vgl. dazu im folgenden *G. zelima* bzw. *G. formosa*.

Verbreitung: Nach HUDLESTON (1891, p. 259) aus den obersten Partien des Inferior Oolite, nach TERQUEM & JOURDY und COSSMANN im gesamten Bathonian.

Globularia formosa (MORRIS & LYCETT 1850)

1919   *Natica Zelima* TRAUTH, p. 336.
1949   *Globularia formosa* ARKELL & COX, p. 83 (ibid. Lit.).

Ein Steinkern mit Schalenbruchstücken.

Die vorliegende Art nimmt eine vermittelnde Stellung zwischen *Globularia adducta* (PHILLIPS 1835 non D'ORBIGNY) und *Globularia stricklandi* (MORRIS & LYCETT 1850) ein. *Pictavia adducta* ist fast so breit wie hoch (Verhältnis Höhe:Breite = 5:4) und besitzt bedeutend aufgeblähtere Windungen, ihre Naht ist kaum eingesenkt. *Pictavia stricklandi* ist annähernd doppelt so hoch wie breit, sie besitzt Windungen von halbelliptischem, oben und unten abgeflachtem Querschnitt, und ihre Naht ist kanalförmig eingesenkt (vgl. MORRIS & LYCETT 1850, p. 42 bzw. p. 112).

Verbreitung: Nach MORRIS & LYCETT im Great Oolite von England, nach COSSMANN häufig im Bathonien supérieur von Frankreich, nach CLERC im oberen Bathonian der Schweiz. ROLLIER führt ein Exemplar aus dem unteren Bathonian der Umgebung von Basel an.

LAMELLIBRANCHIATA

Eonavicula minuta (SOWERBY 1824)

1919 *Arca (Barbatia) tenuicostata* nov. spec. TRAUTH, p. 335 (nomen nudum).
1948 *Eonavicula minuta* ARKELL & COX, p. 2 (ibid. Lit.).

4 Steinkerne, einer von doppelklappigem Exemplar mit Schalenresten. Der guten Beschreibung von LAUBE ist wenig hinzuzufügen.

Verbreitung: Nach MORRIS & LYCETT im Great Oolite von England, nach LAUBE in Balin in Polen; das entspricht einer stratigraphischen Verbreitung vom Bathonian bis in das untere Callovian.

Parallelodon elongatus (SOWERBY 1824)

1899 *Macrodon elongatum* GREPPIN, p. 100, tab. 9, fig. 4—5 (ibid. Lit.).
1904 *Macrodon elongatum* CLERC, p. 49.
1919 *Macrodon elongatum* TRAUTH, p. 335.

2 Steinkerne mit teilweiser Schalenerhaltung.

Der Schalenrand bildet zusammen mit dem vorderen vorgezogenen Schloßende einen kleinen Spitz, verläuft dann steil nach unten und hinter der vorderen abgerundeten Umbiegestelle schräg abwärts nach hinten — mit einer Einbuchtung an der dem Wirbel gegenüberliegenden Stelle — von der hinteren Umbiegung verläuft er steil gerade nach oben und etwas nach vorne.

Die Schale ist mäßig dick und mit zahlreichen feinen, von den Wirbeln ausgehenden Radialrippen versehen, die beiderseits der Wirbel mit den dort erkennbaren zarten Zuwachsstreifen ein gitterartiges Muster bilden. Vom Wirbel zieht über die Schale eine leichte Eindellung gerade nach unten, weiters verläuft vom Wirbel, unter einem Winkel von ungefähr 30^0 zum Schloß geneigt, eine wulstförmige Erhebung schräg nach hinten unten, die den leicht konvexen hinteren Teil vom Rest der Schale abgrenzt.

Parallelodon hirsonensis (D'ARCHIAC) ist der vorliegenden Art recht ähnlich, besitzt jedoch noch weiter vorne liegende Wirbel und außer Anwachsstreifen keinerlei Schalenskulptur und außerdem einen vorne breiteren Umriß. Von verschiedenen Autoren (LAUBE 1867, p. 32; BRAUNS 1869, p. 256) wurde die Ansicht vertreten, daß Jugendexemplare von *Parallelodon hirsonensis* ebenfalls eine radiale Berippung zeigen und die beiden Arten unter einem gemeinsamen Namen zu vereinigen sind. Im vorliegenden Material finden sich jedoch einige juvenile Exemplare von *Parallelodon hirsonensis*, die an den Schalenresten keinerlei Berippung erkennen lassen.

Verbreitung: Nach SOWERBY und PHILLIPS im Inferior und Great Oolite von England, nach BRAUNS in der Coronaten-Zone, der Sowerbyi-Zone und der Zone der *Ostrea knorri* bzw. der „*Avicula*" *echinata* in Deutschland, nach GREPPIN im oberen Bajocian und nach CLERC (1904) im unteren Bathonian der Schweiz.

Parallelodon hirsonensis (D'ARCHIAC 1843)

1867 *Macrodon Hirsonense* LAUBE, p. 32 (ibid. Lit.).
1919 *Macrodon hirsonense* TRAUTH, p. 335.
non:
1853 *Macrodon Hirsonensis* MORRIS & LYCETT, p. 49, tab. 5, fig. 1.
1863 *Macrodon Hirsonensis* LYCETT, p. 112, tab. 36, fig. 9.
1888 *Macrodon Hirsonense* SCHLIPPE, p. 149, tab. 3, fig. 2.

20 gut erhaltene Steinkerne mit Schalenresten.

Der Mantelrand verläuft — an einzelnen Steinkernen sehr gut zu beobachten — vorne ziemlich nahe dem Schloßrand, biegt dann nach hinten um und schwenkt nach dem zweiten Drittel der Länge schräg nach oben ab.

Zwei der vorliegenden Steinkerne zeigen etwas hinter der Mitte oberhalb des unteren Randes eine undeutliche begrenzte Eindellung, sie wurden von TRAUTH (1919, p. 335) als *Macrodon hirsonense* var. erwähnt.

Die Schale ist dick und zeigt außer runzeligen Anwachsstreifen auch in den Jugendstadien keinerlei Skulptur.

Bei der von MORRIS & LYCETT (1853, p. 49, tab. 5, fig. 1) abgebildeten und fälschlicherweise zur vorliegenden Art gestellten Form handelt es sich ebenso wie bei der von SCHLIPPE (1888, p. 149, tab. 3, fig. 2) beschriebenen um *Parallelodon rugosum* ARKELL 1930. Dieser besitzt einen nach hinten verlängerten Schloßrand und dadurch einen von der hinteren Umbiegestelle nach **rückwärts** oben gezogenen Schalenrand, die Schale erscheint dadurch am Hinterende flügelartig verlängert, während dagegen *Parallelodon hirsonensis* (D'ARCHIAC) einen von diesem Punkt aus schräg nach **vorne** und oben verlaufenden Rand besitzt (vgl. die Abbildung des Holotypus bei D'ARCHIAC 1843, tab. 27, fig. 5).

Bei der von LYCETT (1863, tab. 36, fig. 9) abgebildeten Form dürfte es sich um eine neue Art handeln, sie ist bedeutend kürzer und besitzt viel gröber hervortretende Anwachsstreifen als *Parallelodon hirsonensis*.

Verbreitung: Nach D'ARCHIAC im Oolite inférieur von Frankreich, nach LAUBE im Jura von Balin bei Krakau; dies entspricht einer Verbreitung vom Bajocian bis in das unterste Callovian.

Pteria (Pteria) digitata (DESLONGCHAMPS 1838)

1869   *Avicula digitata* TERQUEM & JOURDY, p. 120 (ibid. Lit.).
1919   *Avicula costata* p. p. TRAUTH, p. 335.

Ein Innenabdruck einer linken Klappe. Sie ist mäßig stark gewölbt und nach hinten und unten lang ausgezogen, wodurch die größte Schalenhöhe ziemlich weit hinten erreicht wird.

Der Wirbel ist mäßig groß, etwas hervorragend und einwärts gekrümmt. Die Öhrchen sind ungleich groß; das vordere ist sehr klein und dreieckig, das hintere setzt breit an — es reicht fast bis zur halben Höhe nach unten —, es ist leicht konkav eingedellt und am oberen Rand griffelförmig nach hinten verlängert, was am hinteren Außenrand des Öhrchens eine halbkreisförmige Einbuchtung ergibt.

Die Schale ist in der Wirbelgegend glatt und unskulptiert, der Rest der Schale trägt 11 bis 12 schlanke scharfe Rippen, die ganz schwach beginnen und nach unten zu rasch an Stärke zunehmen. Die Rippen treten außerdem um einiges über den Schalenrand heraus und verleihen so der Schale ein gefingertes Aussehen („*digitata*"). Die Rippenzwischenräume sind glatt, eben und etwa 3 bis 4mal so breit wie die Rippen.

Schon DESLONGCHAMPS (1838, p. 73) vermerkte, daß linke Schalenhälften zwar nicht gerade häufig sind, rechte jedoch überhaupt kaum jemals gefunden wurden.

TRAUTH bestimmte das vorliegende Exemplar (zusammen mit jenem von *Pteria (P.) notabilis*) als *Avicula costata* SOWERBY 1819. *Pteria (P.) costata* SOWERBY 1819 ist der vorliegenden Art zwar ähnlich, besitzt jedoch nie mehr als 8 Rippen auf der linken Klappe (die von MORRIS & LYCETT 1853, p. 14, gegebene Zahl 12 ist offensichtlich ein Druckfehler, wie tab. 2, fig. 6, erweist), auch sind bei ihr die Rippenzwischenräume konkav nach innen gewölbt.

Verbreitung: Nach DESLONGCHAMPS im Dogger-Eisenoolith und -Kalk der Umgebung von Caen, Frankreich (= Bathonian), nach TERQUEM JOURDY in den Bathonian-Schichten des Departements Moselle.

Pteria (Pteria) notabilis (TERQUEM & JOURDY 1869)

1869 *Avicula notabilis* TERQUEM & JOURDY, p. 123, tab. 13, fig. 11 (non 9—10).
1919 *Avicula costata* TRAUTH, p. 335, p. p.

Ein Innenabdruck einer linken Klappe mit Schalenresten. Sie ist schwach gewölbt und nach hinten und unten etwas ausgezogen, wodurch die größte Höhe etwas hinter der Mitte erreicht wird.

Der Wirbel ist klein, stumpf, kaum hervorragend und ganz leicht nach einwärts gekrümmt. Die Öhrchen sind ungleich groß, das vordere ist sehr klein (am vorliegenden Exemplar nicht erhalten), das hintere setzt breit flügelartig an, es reicht nach unten bis zur hinteren Umbiegestelle des Randes, es ist schwach konvex nach außen gewölbt, spitz (der Winkel an der Spitze beträgt rund 80°) und am Außenrand ganz schwach eingebuchtet. Die Schale ist dünn und trägt 15 schwache, wenig erhobene Rippen, die Rippenzwischenräume sind doppelt so breit wie die Rippen und leicht konkav.

Das vorliegende Exemplar wurde von TRAUTH mit *P. digitata* als *Avicula costata* SOWERBY 1819 bestimmt.

Verbreitung: Bisher nur von TERQUEM & JOURDY aus dem Unterbathonian beschrieben.

Chlamys meriani (GREPPIN 1899)

1919 *Pecten (Chlamys) ambiguus* TRAUTH, p. 335 p. p.
1925 *Chlamys Meriani* STAESCHE, p. 39, tab. 1, fig. 3 (ibid. Lit.).

Ein unvollständiger Außenabdruck einer rechten Klappe. Das vorliegende Exemplar wurde von TRAUTH als *Chlamys ambigua* GOLDFUSS 1843 bestimmt, doch besitzt diese Art auf der rechten

Klappe zweigespaltene oder wenigstens auf dem Rücken mit einer Furche versehene Rippen, auf der linken Klappe Einschaltrippen, was hier nicht zutrifft.

Bei der vorliegenden Art sind die Rippen auf der rechten Klappe gleich breit wie die Zwischenräume, Zweiteilung der Rippen oder Einschaltung von Sekundärrippen findet nicht statt. Die Rippen sind gerundet, im Gegensatz zur ähnlichen *Chlamys lotharingica* BRANCO 1879, bei der die Rippen dachförmig und ziemlich scharf sind. Deutliche Anwachsstreifen laufen über Rippen und Zwischenräume hinweg und führen zu einer schwachen Schuppenbildung auf den Rippen.

Die Schalen sind schwach gewölbt. Der Schalenrand bzw. die Wirbelregion sind am vorliegenden Stück nicht erhalten, nach STAESCHE (1925, p. 39) beträgt der Apikalwinkel 90^0, die Schalenränder verlaufen in der oberen Hälfte der Schale vom Wirbel völlig geradlinig auseinander, der Basalrand verläuft geschwungen in einem Halbkreis.

Verbreitung: nach STAESCHE findet sich die Art im Dogger δ und ε, nicht gesichert auch im Dogger ξ, von Schwaben, GREPPIN beschrieb sie aus dem obersten Bajocian der Umgebung von Basel; sie ist aber selten.

Chlamys cf. lotharingicae (BRANCO 1879)

cf.:
1879 *Pecten Lotharingicus* BRANCO, p. 111, tab. 8, fig. 9.
1919 *Pecten (Chlamys) ambiguus* TRAUTH, p. 335 p. p.
1925 *Chlamys aff. Lotharingicae* STAESCHE, p. 38, tab. 1, fig. 5—6.

2 Schalenbruchstücke, schlecht erhalten.

Die beiden hier beschriebenen, schlecht erhaltenen Schalenbruchstücke lassen sich am ehesten zu *Chlamys lotharingica* stellen. TRAUTH bestimmte sie als *Chlamys ambigua* GOLDFUSS 1843, doch fehlt die für diese Art charakteristische Zweiteilung bzw. Furchung der Rippen.

Entolium corneolum (YOUNG & BIRD 1828)

1948 *Entolium corneolum* ARKELL & COX, p. 15 (ibid. Lit.).

3 Exemplare, größtenteils Schalen, teils Innenabdruck.

Diese Art ist gleichklappig, annähernd kreisförmig und besitzt sehr dünne, fast glatte Schalen.

Die Wirbel sind klein und kaum erhoben, der Apikalwinkel beträgt zwischen 94° und 102°, in Ausnahmsfällen etwas mehr, jedoch nie weniger als einen rechten Winkel (v. STAESCHE 1925, p. 100). Die Ohren sind mäßig groß, annähernd gleich lang wie hoch — ihre Höhe beträgt ein Sechstel der gesamten Schalenhöhe — sie sind beiderseits gleich groß. Ihr Oberrand verläuft annähernd gerade, die Seitenränder verlaufen schräg nach außen abwärts. Ein Byssusausschnitt fehlt.

Der Schalenrand verläuft kreisförmig vom vorderen zum hinteren Ohr. Die Schalen sind kaum gewölbt, die linke Schale um eine Spur mehr als die rechte. An der rechten Schale ziehen beiderseits vom Wirbel zwei ganz flache Furchen schräg nach abwärts. Die Oberfläche der Schalen ist bis auf feinste konzentrische Zuwachslinien und ebenso feine zahlreiche radiale Linien in der Wirbelgegend völlig glatt.

Die Art *Entolium disciforme* (ZIETEN 1830) ist mit der hier beschriebenen Art zu vereinigen (v. TRAUTH 1921, p. 204). Es ist nicht möglich, die beiden Arten zu unterscheiden; nach dem Prioritätsgesetz besitzt nur der von YOUNG & BIRD (1828) aufgestellte Artname Gültigkeit. Ferner findet man in der Literatur häufig Exemplare der vorliegenden Art als *Entolium spatulatus* (ROEMER 1839) bestimmt. Das läßt sich aus den Abbildungen leicht ersehen, denn Entolium spatulatus besitzt einen Apikalwinkel von ±80°, während der Apikalwinkel von Entolium corneolum immer über 90° beträgt (vgl. die umfangreichen Synonym-Listen bei TRAUTH 1921, p. 203, und STAESCHE 1925, p. 99).

Verbreitung: Die Art ist nach STAESCHE im Dogger β—ξ weltweit verbreitet, mit einem Häufigkeitsmaximum in β—δ, wo sie verschiedentlich sogar bankbildend auftritt.

Eopecten cf. abjectae (PHILLIPS 1829)

cf.:
1829 *Pecten abjectus* PHILLIPS, tab. 9, fig. 37.
1925 *Velopecten abjectus* STAESCHE, p. 119 (ibid. Lit.).

1919 ? *Hinnites velatus* TRAUTH, p. 335.

Der vorliegende Innenabdruck einer linken Klappe läßt sich am ehesten der Art *Eopecten abjecta* zuordnen.

Wie sich am Abdruck der Innenseite noch erkennen läßt, besteht die Skulptur der linken Klappe aus mehreren stärkeren Hauptrippen, zwischen die sich Rippen zweiter Ordnung einschalten, die am unteren Rand aber die Stärke der Primärrippen nahezu erreichen. Rippen dritter Ordnung sind in der Nähe des Randes am Abdruck ganz zart gerade noch erkennbar.

Liostrea acuminata (SOWERBY 1816)

1919 *Ostrea (Exogyra)* sp. TRAUTH, p. 335.
1929 *Liostrea acuminata* SCHÄFLE, p. 59 (ibid. Lit.).

4 Bruchstücke der linken, ein Innenabdruck der rechten Klappe, ungefähr halbmondförmig gekrümmt, von eiförmig länglichem Umriß, in Form und Gestalt stark durch die Unterlage beeinflußt.

Die Schalenoberfläche ist bis auf die leicht absplitternden Zuwachslamellen glatt. Der Wirbel ist schmal, spitz und leicht gekrümmt.

Die Klappe (Deckelklappe) ist flach und von länglich ovalem Umriß.

Verbreitung: Im gesamten Bathonian weltweit verbreitet (v. SCHÄFLE 1929).

Lima (Lima) complanata LAUBE 1867

1911 *Lima complanata* FUCINI, p. 13, tab. 1, fig. 4—5 (ibid. Lit.).
1919 *Lima complanata* TRAUTH, p. 335.

Ein Abdruck der Innenseite einer linken Klappe mit kleinen Schalenresten.

Der guten Beschreibung von LAUBE ist kaum etwas hinzuzufügen. Die Rippenzwischenräume zeigen die — nach FUCINI nur für diese Art — charakteristische Struktur, die auch LAUBE (1867, tab. 1, fig. 11) vergrößert abbildet, und die den Zwischenräumen ein „punktiertes" Aussehen verleiht. Im Gegensatz zu LAUBE („ . . . die Zuwachsstreifen treten nicht deutlich in den Zwischenräumen auf . . .") möchte ich es doch eher für auf den Rippen selbst nicht bemerkbare Zuwachsstreifen halten.

Verbreitung: Von LAUBE aus Balin bei Krakau — oberes Bathonian bis unteres Callovian nach ARKELL, und von FUCINI aus dem Bathonian von Sardinien beschrieben.

Lima (Lima) praecostulata nov. spec.
(Taf. 1, Fig. 5)

1893 *Lima costulata* FIEBELKORN (non ROEMER), p. 401, tab. 14, fig. 14.
1919 *Lima praecostulata* n. sp. TRAUTH, p. 335 (nomen nudum).

Holotypus: Naturhistorisches Museum Wien, Akquis. Nr. 1912-VIII-14 (1 rechte Klappe).

Locus typicus: Neuhauser Graben bei Waidhofen/Ybbs, N. Ö.

Stratum typicum: klastisches Bathonian („Neuhauser Schichten").

Derivatio nominis: prae — costulata (lat.) = vor bzw. über der Art L. costulata (= die berippte L.) stehend.

Diagnose: Eine mäßig große *Lima* mit 22 Rippen von abgerundetem Querschnitt, mit glatten abgerundet-konkaven Rippenzwischenräumen und nur vereinzelt erkennbaren Zuwachslinien.

Beschreibung: Eine rechte Klappe, großenteils in Schalen erhalten, Rest als Innenabdruck. Dünne Schalen von schiefeiförmiger Gestalt mit abgerundetem, annähernd vierseitigem Umriß; gleichklappig, ungleichseitig.

Der Wirbel liegt um einiges vor der Mitte, er ist klein, spitz, leicht einwärts gekrümmt und nur wenig hervorragend. Die Öhrchen sind am Holotypus (dem einzigen vorhandenen Exemplar) nicht erhalten.

Der Vorderrand zieht vom Wirbel leicht gekrümmt annähernd in einem Halbkreis nach unten und rückwärts und verläuft in einer sanft geschwungenen Linie zur hinteren Umbiegestelle. Die größte Höhe liegt nach drei Fünftel der Länge. Der Hinterrand verläuft gerade und mäßig steil nach oben zum Wirbel. Während die mäßig stark gewölbte Schale zum Vorderrand flach abfällt, fällt sie zum Hinterrand nahezu lotrecht ab, ohne aber direkt einen Kiel zu bilden.

Die Schale ist dünn und von 22 radialen Rippen skulptiert. Die Rippen sind abgerundet, die Zwischenräume sind etwas breiter als die Rippen, abgerundet-konkav und glatt, nur in der Nähe des Randes treten wenige deutliche Zuwachslinien auf, die zwar sowohl über die Rippen als auch über die Zwischenräume, aber nicht über die ganze Länge der Schale laufen.

Vergleich mit verwandten Arten:

Lima (L.) costulata ROEMER 1839 besitzt dieselbe Gestalt, hat aber nach der Typbeschreibung von ROEMER (1839, Nachtrag p. 30, tab. 1828) nur 16 bis 17 Rippen, sie ist auch bedeutend kleiner.

Das von FIEBELKORN (1893, p. 401, tab. 14, fig. 14) als *Lima costulata* ROEMER beschriebene und abgebildete Exemplar ist bis auf die Größenverhältnisse — es ist bedeutend kleiner — dem vorliegenden Exemplar gleich.

Lima (L.) argonnensis BUVIGNIER 1852 besitzt die gleiche Gestalt wie die hier beschriebene Art, hat auch annähernd so viel Rippen (nach FIEBELKORN 1893, p. 400, tab. 14, fig.13 ,,ca. 20 Rippen"), die Rippen sind aber ganz scharf, auch ist sie bedeutend weniger gewölbt als die vorliegende Art.

Limatula globularis (LAUBE 1867)

1867   *Lima (Limatula) globularis* LAUBE, p. 25, tab. 1, fig. 13.
1919   *Lima (Limatula) aff. globulari* TRAUTH, p. 335.
non:
1923   *Lima (Limatula) aff. globulari* TRAUTH, p. 201.

Eine fast vollständige linke Klappe, der Umriß der stark gewölbten Schale ist fast genau kreisförmig.

LAUBES Beschreibung ist ganz ausgezeichnet, seine Abbildung leider nicht. Auch unser Exemplar eignet sich dazu nicht. Das vorliegende Exemplar zeigt ebenso wie der von LAUBE abgebildete Typus einen symmetrischen Umriß, im deutlichen Gegensatz zu der von TRAUTH (1923, p. 201) als *Lima (Limatula) aff. globulari* LAUBE beschriebenen Form, die einen ,,ganz deutlich asymmetrischen Umriß" besitzt. Darauf sei nur hingewiesen, weil auch das hier beschriebene Exemplar von TRAUTH (1919, p. 335) ebenfalls als *Lima (L.) aff. globulari* LAUBE angegeben wurde.

Verbreitung: Als sehr selten von LAUBE aus dem Dogger von Balin bei Krakau — oberes Bathonian bis unterstes Callovian nach ARKELL beschrieben.

Astarte modiolaris (LAMARCK 1819)

1867   *Astarte modiolaris* LAUBE, p. 44, tab. 6, 7 (ibid. Lit.).
1919   *Astarte modiolaris* TRAUTH, p. 335.

Eine linke Klappe, großenteils als Schale, Rest als Innenabdruck. Der guten Beschreibung von LAUBE ist wenig hinzuzufügen, die Abbildung von LAMARCK ist vorzüglich. Umriß abgerundet — vierseitig oval. Der Wirbel ist stumpf und kaum erhoben, befindet sich etwas vor der Mitte.

Der Vordergrund verläuft vom Wirbel gerade — mit einer schwachen Einbuchtung knapp vor dem Wirbel — nach vorne, die vordere Umbiegungsstelle ist gut gerundet. Der untere Rand verläuft annähernd in einem Kreisbogen nach hinten und weiter zum Wirbel zurück, am hinteren Ende beiderseits der Umbiegungsstelle geradlinig, was dem Umriß das charakteristische annähernd vierseitige Aussehen verleiht — im Gegensatz zu *Astarte elegans* SOWERBY 1814.

Die Schale ist mäßig dick, schwach gewölbt, die Skulptur besteht aus zahlreichen scharfen, eng beisammenstehenden konzentrischen Furchen. Die Innenseite des Randes ist am Vorder- und Hinterende schwach, zur Mitte hin immer stärker eingekerbt. Der Abdruck zeigt außerdem, daß die Innenseite der Schale vor allem gegen den Rand zu mit feinen Zuwachslinien bedeckt ist. Schloß nicht erhalten.

Verbreitung: Nach DESHAYES im Oolith inférieur von Frankreich, nach LAUBE im Dogger von Balin bei Krakau.

Astarte pulla ROEMER 1836

1869 *Astarte pulla* BRAUNS, p. 228 (ibid. Lit.).
1919 *Astarte pulla* TRAUTH, p. 335.

Eine linke Klappe dieser winzigen gleichklappigen und annähernd gleichseitigen Form. Sie ist stark gewölbt und besitzt einen rundlich dreieckigen Umriß, die Länge ist etwa um ein Drittel größer als die Höhe.

Der Wirbel, stumpf und kaum hervorragend, liegt um eine Spur vor der Mitte. Der Rand verläuft vom Wirbel schräg abfallend leicht konkav zur vorderen Umbiegungsstelle, zieht dann in einem Halbkreis zum Hinterende und von dort in einer leicht konvex ausgebuchteten Linie hinauf zum Wirbel.

Die Oberfläche ist von konzentrischen, stark erhobenen, scharfen Rippen skulpturiert, die zum Wirbel hin eine steile Stufe bilden, während sie zum Rand hin flach abfallen.

Die mit der vorliegenden Art verwandte *Astarte squamula* D'ARCHIAC 1843 ist genau so lang wie hoch und weniger stark gewölbt; die ebenfalls sehr ähnliche *Astarte pumila* SOWERBY 1825 ist etwas höher als lang und besitzt zahlreichere, feinere konzentrische Rippen. Die Typabbildung der Art *Astarte minima* PHILLIPS 1829 (tab. 9, fig. 23), mit der die hier beschriebene Art öfters verwechselt bzw. vereinigt wurde (v. MORRIS & LYCETT 1853, p. 82; BRAUNS 1869, p. 228), zeigt eine von zahlreichen feinen Rippen skulpturierte Form, die am ehesten noch *Astarte squamula* D'ARCHIAC ähnelt (die Abbildung ist sehr schlecht).

Verbreitung: Im Great Oolite von England und nach BRAUNS im mittleren Teil der Parkinsoni-Schichten von Schwaben beschrieben.

Anisocardia nitida (PHILLIPS 1829)

1829   *Isocardia nitida* PHILLIPS, p. 150, tab. 9, 10.
1919   *Anisocardia nitida* TRAUTH, p. 165, tab. 3, fig. 9.
1956   *Anisocardia nitida* ARKELL, p. 61.

Eine rechte Klappe in Schalenerhaltung, Rest als Innenabdruck. Die sehr ähnliche *Anisocardia tenera* (SOWERBY) ist bedeutend stärker gewölbt, sie besitzt auch viel stärker nach einwärts gebogene Wirbel.

Verbreitung: Die vorliegende Art wurde beschrieben aus dem Hauptoolith von Bath (PHILLIPS 1829, p. 150) in England, den Ferrugineus-Schichten und ein häufiges Auftreten im Cornbrash von Lothringen (SCHLIPPE 1888, p. 165), aus den mittleren Parkinsoni-Schichten des schwäbischen Jura (BRAUNS 1869, p. 221), schließlich auch aus den Calcaires de Rouvres von Lothringen (ARKELL 1956, p. 61). Das ergibt eine Verbreitung im gesamten Bathonian.

Corbis obovata LAUBE 1867

1867   *Corbis obovata* LAUBE, p. 38, tab. 3, fig. 7.
1919   *Corbis* sp. TRAUTH, p. 335.

Die Schale ist am vorliegenden Exemplar nicht erhalten, der Innenabdruck weist in der Gegend des Wirbels eine ausgeprägte feine und dichte Radialstreifung auf, der Untergrund ist gerade, glatt und ungekerbt. Im Sammlungsmaterial des Naturhistorischen Museums in Wien befindet sich ein zum Teil noch mit der Schale bedeckter Steinkern, der dieselbe feine Radialstreifung aufweist und noch von LAUBE als *Corbis obovata* bestimmt wurde. Steinkerne der vorliegenden Art sind jedoch meist glatt; die am vorliegenden Exemplar vorhandene Radialstreifung ist daher keineswegs typisch.

Verbreitung: Bisher nur aus dem Dogger-Oolith von Balin bei Krakau bekannt.

Lucina depressa MORRIS & LYCETT 1853
(Abb. 2)

1919   *Lucina compressiformis* n. sp. TRAUTH, p. 335 (nomen nudum).
1948   *Lucina depressa* ARKELL & COX, p. 34 (ibid. Lit.).

Eine gleichklappige, mäßig ungleichseitige Form von flacher, scheibenförmiger Gestalt und annähernd eiförmigem Umriß.

Die Wirbel sind äußerst klein, spitz und ganz wenig nach vorne und etwas nach einwärts gekrümmt. Sie liegen annähernd in der Mitte. Die Lunula ist langgestreckt, sehr schmal und an beiden Enden sehr spitz.

Der vordere Schloßrand verläuft vom Wirbel ziemlich gerade sanft abwärts nach vorne und biegt dann etwas abrupt bogig nach unten, so daß das Vorderende wie abgestutzt erscheint. Der Basalrand verläuft bogig geschwungen zur hinteren Umbiegungsstelle, von wo der Rand ganz leicht konvex nach außen gewölbt unter einem Neigungswinkel von rund 30° aufwärts nach vorne zum Wirbel verläuft. Die Höhe beträgt fast vier Fünftel der Länge.

Die Schalen sind extrem dünn und glatt, einige wenige Zuwachslinien sind kaum erkennbar.

Die Oberfläche der Steinkerne ist ebenfalls glatt. Auf ihnen zieht sich wie mit einem Stichel eingegraben vom Wirbel schräg nach abwärts und ziemlich nach vorne geneigt eine kurze schmale Rinne, die aber in ihrer Ausdehnung auf die Wirbelregion beschränkt bleibt — sie entspricht einem kurzen dünnen Kiel auf der Innenfläche der Schale.

Lucina discoidea TERQUEM & JOURDY 1869 ist nach der Beschreibung und Abbildung des Holotypus mit der vorliegenden Art identisch und daher als Synonym von *Lucina depressa* zu betrachten.

Verbreitung: Aus dem Great Oolite von England ist bisher nur das Typus-Exemplar bekannt (ARKELL & COX 1948, p. 34), die Art wurde ferner als sehr selten aus dem unteren Mittelbathonian des Departements de la Moselle in Frankreich beschrieben (TERQUEM & JOURDY 1869, p. 100).

Material: 2 Steinkerne von doppelklappigen Exemplaren mit teilweise erhaltener Schale.

Lucina herculea nov. spec.
(Taf. 2, Fig. 8—9, Abb. 2)

1919 *Lucina herculea* n. sp. TRAUTH, p. 335 (nomen nudum).

Holotypus: Das Taf. 2, Fig. 8, abgebildete Exemplar. Naturhistorisches Museum in Wien, Akquis. Nr. 1912 — VIII — 43.

Locus typicus: Neuhauser Graben bei Waidhofen/Ybbs, N.Ö.

Stratum typicum: klastisches Bathonian („Neuhauser Schichten").

Diagnose: Sehr große, ziemlich stark gewölbte *Lucina* mit flach-vorgezogenem, breitem Vorderende. Die Schalenskulptur besteht aus lamellenartigen, unregelmäßigen Runzeln, die flache, unregelmäßig konzentrisch verlaufende Falten verschiedener Stärke bilden.

Etwa 50 Exemplare, vorwiegend Steinkerne mit Schalenresten.

Beschreibung: Von dieser neuen Art liegen rund 50 Exemplare verschiedenster Größe vor, von denen das größte eine Länge von annähernd 20 cm erreicht. In den meisten Fällen sind noch beide Klappen im Zusammenhang erhalten.

Eine gleichklappige, mäßig ungleichseitige Form mit relativ dünner Schale von quer-eiförmigem Umriß. Die Wirbel sind mäßig groß und ragen nur wenig über den Schloßrand hervor. Sie sind deutlich nach vorne und leicht gegen einwärts gekrümmt, liegen um eine Spur hinter der Mitte. Vom geraden Schloßrand sind die Wirbel durch eine tiefe Furche getrennt, die nach vorne zu in die kleine, ziemlich eingesenkte Lunula übergeht. Das Schloß läßt sich an keinem Exemplar beobachten.

Der Schloßrand ist gerade und verläuft bogig in den Vorderrand, der in einem flachen, annähernd lotrecht zum Schloßrand stehenden Bogen das flach nach vorne ausgezogene, ziemlich breite Vorderende abschließt. Der Unterrand bildet einen flachen Bogen, der in einer stärker werdenden Krümmung in den Vorder- und Hinterrand verläuft. Das Hinterende ist im Vergleich zum Vorderende ziemlich schmal, die Umbiegungsstelle des Hinterrandes verläuft sehr flach.

Die Schale ist dünn. Ihre Dicke beträgt im Extremfall 7 mm, bei einem Exemplar von 18 cm Länge beträgt sie 5 mm, bei einem 13,2 cm langen dagegen allerdings nur 2 mm; bei kleinen Exemplaren ist die Schale — wenn überhaupt — nur in Bruchstücken erhalten.

Als Skulptur zeigt die Schale flache, faltenartige, unregelmäßig verlaufende konzentrische Anschwellungen, die von feinen konzentrischen Runzeln bedeckt sind. Darüber ziehen äußerst feine, annähernd konzentrisch verlaufende Anwachslinien, die oft untereinander nicht parallel verlaufen und sich aneinander schräg absetzen. Diese Anwachslinien sind nur an besonders gut erhaltenen Schalenpartien zu erkennen.

Von den Wirbeln schräg nach rückwärts und unten verläuft eine undeutliche, kurze, d. h. den Rand nicht erreichende Kante, von welcher die Schale nach innen zu steil gegen den rückwärtigen Teil des Schloßrandes abfällt.

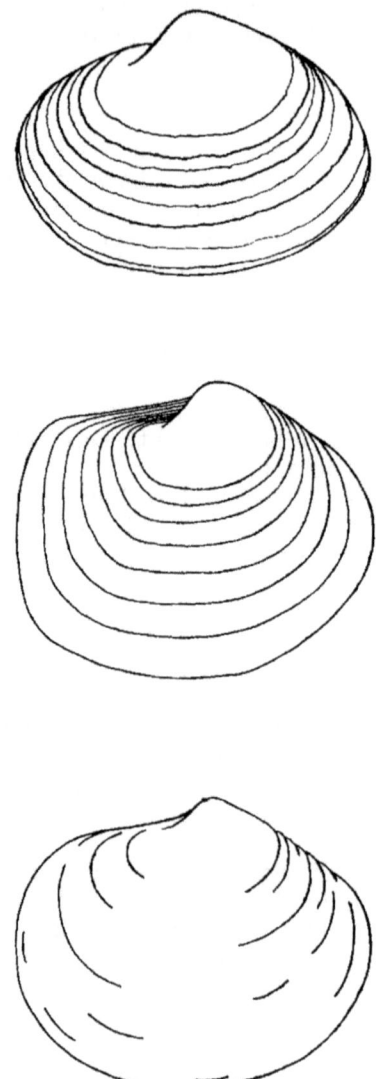

Abb. 2. Von oben nach unten *Lucina herculea* nov. spec., *L. praetruncata* nov. spec., *L. depressa* (M. & L.), alle schematisch auf gleiche Länge gezeichnet.

Am Steinkern verläuft vom Wirbel schräg nach vorne und abwärts eine leicht gebogene, anfangs tiefe Furche, die gegen den Rand zu immer seichter und undeutlicher wird. Vor dieser Furche liegt die kielartige Kante, die die Lunula abgrenzt. Knapp unter der Furche verläuft eine schwächere Parallelfurche, die etwas unter und hinter der Wirbelspitze beginnt. Vom Wirbel schräg nach hinten verläuft eine stumpfe, kielartige Kante, die auch auf der Außenseite der Schale undeutlich erscheint. Von dieser Kante zweigen an manchen Exemplaren nach vorne einige undeutliche, schwach erhobene und bald verlaufende kielartige Falten ab. Die Steinkerne größerer Exemplare sind, besonders deutlich im vorderen Schalendrittel, dicht radial gestreift, die Steinkerne von kleinen Exemplaren sind völlig glatt.

Der Mantelrandeindruck ist integripalliat. Die Muskeleindrücke sind ungleich groß, der vordere ist um die Hälfte länger als der hintere. Beide sind oval und vor allem der vordere ist ziemlich langgestreckt. Während sich der hintere Muskeleindruck in seiner ganzen Länge an die Mantellinie anschmiegt, trennt sich der vordere in seinem unteren Teil von ihr und ragt schräg nach innen.

Vergleich mit verwandten Arten:

Am nächsten steht der hier beschriebenen Art *Lucina peregrina* TERQUEM & JOURDY 1869. Sie ist stärker gewölbt, besitzt auch größere und stärker nach einwärts gekrümmte Wirbel, außerdem ein weniger deutlich abgestutzt erscheinendes Hinterende. Die Schalenskulptur (unregelmäßige, lamellöse, konzentrische Falten) ist der vorliegenden Art recht ähnlich. Sie bleibt allerdings bedeutend kleiner, in der Typbeschreibung ist eine Gesamtlänge von 38 mm vermerkt.

Es sei darauf hingewiesen, daß Steinkerne von *Lucina bellona* D'ARCHIAC 1843 eine große Ähnlichkeit mit Steinkernen der vorliegenden Art besitzen, während die Schalen wenig Ähnlichkeit, vor allem was die Skulptur anbelangt, aufweisen (vgl. D'ARCHIAC 1843, tab. 26, fig. 36; MORRIS & LYCETT 1853, tab. 6, fig. 18—18a).

Lucina praetruncata nov. spec.
(Taf. 1, Fig. 6—7, Abb. 2)

1919 *Lucina praetruncata* n. sp. TRAUTH, p. 335 (nomen nudum).

Holotypus: Das Taf. 1, Fig. 5—6 abgebildete Exemplar. Naturhist. Museum in Wien, Akquis. Nr. 1912 — VIII — 58 (Steinkern eines doppelklappigen Exemplars mit teilweise erhaltener Schale).

Locus typicus: Neuhauser Graben bei Waidhofen/Ybbs, N. Ö.
Stratum typicum: klastisches Bathonian („Neuhauser Schichten").
Derivatio nominis: prae — truncata (lat.) = am Vorderende (prae-) abgestutzt (truncata).
Diagnose: Eine kleine, von scharfen konzentrischen Rippen skulpturierte Lucina mit geradem, stark abgestutzt erscheinendem Vorderende.
Beschreibung: Eine gleichklappige, ungleichseitige Form, klein, mäßig stark gewölbt und von abgerundet trapezoidähnlichem Umriß.
Die Wirbel klein, stumpfwinkelig, kaum nach einwärts und nur wenig nach vorne gekrümmt, liegen ungefähr in der Schalenmitte. Die Lunula, sehr schmal und an beiden Enden spitz, ähnelt einem extrem spitzwinkeligen Rhombus.
Der vordere Schloßrand verläuft leicht konkav eingebuchtet nach vorne. Der Vorderrand setzt fast gerade am Schloßrand an und verläuft geradlinig nach unten zum Basalrand, mit dem er über eine Rundung einen Winkel von über 90° bildet. Der Basalrand verläuft in einem Bogen nach hinten und aufwärts zum Hinterende. Der hintere Schloßrand verläuft von der Umbiegungsstelle leicht konvex nach außen gewölbt nach oben und vorne zum Wirbel. Die größte Höhe liegt knapp hinter dem Vorderende und beträgt etwa vier Fünftel der Länge.
Die Schalen sind mäßig dünn und von scharfen, konzentrischen Rippen skulpturiert, die in unregelmäßigen Abständen stehen. Zuwachslinien lassen sich keine beobachten. Die Rippenzwischenräume sind eben und zwischen ein- bis viermal so breit wie die Rippen.
Vergleich mit ähnlichen Arten: *Lucina despecta* PHILLIPS 1829 ist in Umriß und Skulptur recht ähnlich, doch besitzt sie viel größere Wirbel, die ziemlich hinter der Schalenmitte liegen; auch ist bei ihr das Vorderende nicht so breit abgestutzt und gerade. *Lucina bellona* D'ARCHIAC 1843 besitzt einen ähnlichen Umriß, doch ist sie bedeutend flacher, auch sind die Rippenzwischenräume bedeutend breiter. Die der *Lucina bellona* nahestehende *Lucina fischeri* D'ORBIGNY 1850 besitzt deutlich größere Wirbel als die vorliegende Art, außerdem ein gut gerundetes Vorderende.
Material: 2 Steinkerne von doppelklappigen Exemplaren mit teilweise erhaltener Schale.
Maße des Holotypus: Länge = 20 mm, Höhe = 17 mm, Dicke = 5 mm.

Pterocardia cf. pes-bovis d'Archiac 1843

cf.:
1843   Cardium pes-bovis d'Archiac, p. 373, tab. 27, fig. 2.
1919   Cardium cf. pes-bovis Trauth, p. 335.
1948   Pterocardia pes-bovis Arkell & Cox, p. 39 (ibid. Lit.).

1 Bruchstück eines Steinkerns (Wirbelregion).

Das vorliegende Bruchstück eines Steinkerns einer großen rechten Schale zeigt einen großen, spitzwinkeligen und stark nach innen gekrümmten Wirbel, die Oberfläche ist glatt; etwas hinter der Mitte verläuft vom Wirbel eine scharfe kielförmige Kante gebogen nach abwärts und trennt den im oberen Abschnitt leicht konvexen Hinterteil der Schale ab — die Beschreibung von Morris & Lycett würde also zutreffen. Vor der Mitte verläuft aber vom Wirbel aus eine schmale faltenförmige Erhebung nach unten, die zwar einem Schalenwulst auf der Abbildung von Morris & Lycett entspricht, die aber auf dem von d'Archiac abgebildeten Holotypus — ebenfalls einem Steinkern — nicht zu erkennen ist. Ich sehe daher in Übereinstimmung mit Trauth (1919, p. 335) von einer direkten Zuordnung des vorliegenden Stückes zur Art *Pterocardia pes-bovis* d'Archiac ab.

CEPHALOPODA

Procymatoceras subtruncatum (Morris & Lycett 1850)

1904   Nautilus subtruncatus Clerc, p. 6 (ibid. Lit.).
1919   Nautilus subtruncatus Trauth, p. 336.

2 gut erhaltene Steinkerne, teilweise mit Schale.

Die beiden vorliegenden Exemplare entsprechen in jeder Beziehung der Typbeschreibung und -abbildung von Morris & Lycett, die Septen bzw. der Verlauf der Sutur und die Lage des Sipho sind allerdings am Holotypus nicht erkennbar.

Es handelt sich um eine mäßig große, stark involute und ziemlich aufgeblähte Form, die in unmittelbarer Nähe des Nabels ihre größte Breite erreicht.

Die Windungen sind etwas breiter als hoch. Bei jungen Exemplaren zeigen die Windungen einen gerundeten, abgeplattet-kreisförmigen Querschnitt, der bei älteren Exemplaren eine abgerundete, deutlich sechseckige Gestalt annimmt. Die Externseite sowie die Flanken und der Abfall zum Nabel sind dann deutlich abgeflacht. Der Nabel ist eng und kraterartig wenig tief eingesenkt, er ist vollkommen verdeckt.

Die Sutur ist in einer schwachen Sigmoide gekrümmt und an der Externseite ganz gerade. Der Sipho liegt ganz wenig über der Windungsmitte, an den Septen ist eine relativ tief eingesenkte Hyposeptalgrube erkennbar, die fast die Größe des Sipho-Querschnittes erreicht.

Die Schale ist sehr dünn, glatt, und von ganz feinen, in regelmäßigen Abständen stehenden Anwachslinien bedeckt. Die Anwachslinien bilden an den Flanken einen stark nach vorn gewölbten lobenartigen Bogen und laufen an der Externseite in einem spitzen Winkel zusammen.

Die Steinkerne sind glatt und zeigen nur auf der Externseite einen ganz schmalen, linienförmigen Kiel.

Die Länge der Wohnkammer beträgt rund ein Drittel des letzten Umganges.

Verbreitung: Nach MORRIS & LYCETT im Inferior und Great Oolite von England, nach CLERC im oberen Bathonian der Westschweiz; das entspricht einer Verbreitung im oberen Bajocian und im gesamten Bathonian.

Procymatoceras aff. baberi (MORRIS & LYCETT 1850)

1919 *Nautilus* sp. TRAUTH, p. 336.

Einen sehr schlecht erhaltenen Nautiliden, von dem nur der Querschnitt und ein Septum erhalten ist, stelle ich auf Grund der noch erkennbaren Merkmale in die Nähe von *Procymatoceras baberi* (MORRIS & LYCETT).

Es handelt sich um eine mäßig große, leicht flachgedrückte Form. Die Windungen sind von abgerundet vierseitigem Querschnitt, die Externseite ist flach und eben. Die Flanken sind flach aber nicht eben, sondern um eine Spur konvex nach außen gewölbt. Die Windungen sind annähernd so breit wie hoch, die größte Breite liegt unmittelbar am Nabelrand.

Der Nabel ist klein und bedeckt — im Gegensatz zum typischen Procymatoceras baberi, das einen sehr engen, aber trichterförmig tief eingesenkten Nabel besitzt.

Die Sutur bildet eine ganz flache Sigmoide.

Der Sipho liegt relativ nahe der Externseite im letzten Viertel der Windungshöhe.

Phylloceras kudernatschi (HAUER 1854)

1919 Phylloceras Kudernatschi TRAUTH, p. 336.
1923 Phylloceras Kudernatschi TRAUTH, p. 219 (ibid. Lit.).
1956 Phylloceras Kudernatschi ARKELL, p. 183, 191, 208, 325.
non:
1905 Phylloceras Kudernatschi SIMIONESCU, p. 8, tab. 1, fig. 5—7.

2 mäßig gut, z. T. mit Schalenresten, und ein schlecht erhaltener Steinkern. Eine Art mit ziemlich flachem, scheibenförmigem Gehäuse und stark umgreifenden, rasch zunehmenden Windungen. Die größte Breite liegt auf den Flanken in der Nähe des Nabels. Die Flanken sind flach gewölbt, die Externseite ist abgerundet. Der Nabel ist eng und trichterförmig tief eingesenkt, ohne mit den Flanken eine Kante zu bilden.

Die Schale ist von zarten, engstehenden radialen Streifen bedeckt, die in der Nähe des Nabels leicht nach vorne geschwungen sind, dann gerade und in der Nähe der Externseite wieder leicht nach vorne geschwungen verlaufen.

Soweit die Lobenlinie an den vorliegenden Exemplaren erkennbar ist, entspricht sie der von KUDERNATSCH (1852, tab. 1, 7) und NEUMAYR (1871, tab. 12, 4c) abgebildeten.

Verbreitung: In der Klippenzone der österreichischen Kalkvoralpen nicht gerade selten (v. JÜSSEN 1890, HOCHSTETTER 1897, TRAUTH 1923). Es wurde weiters u. a. aus Swinitza—Eisernes Tor (KUDERNATSCH 1852) = Bathonian nach ARKELL, aus Villany (LOCZY 1914) = ebenfalls Bathonian, aus dem unteren Bathonian von Sizilien und aus dem Kambe-Korallenkalk der Umgebung von Mombasa, ebenfalls Bathonian (ARKELL 1956, p. 325) beschrieben; es war also im Bathonian in der Tethys sehr weit verbreitet.

Phylloceras cf. viator (D'ORBIGNY 1842)

cf.:
1842 Ammonites viator D'ORBIGNY, p. 471, tab. 172, fig. 1—2.
1892 Phylloceras viator NEUMAYR & UHLIG, p. 37, tab. 1, fig. 3.
1914 Phylloceras cf. viator LOCZY, p. 307, tab. 3, fig. 3.
1923 Phylloceras viator var. villanyensis TRAUTH, p. 224.
1919 Phylloceras cf. viator TRAUTH, p. 336.

Das vorliegende, schlecht erhaltene Ammonitenbruchstück läßt sich nicht genau bestimmen; soweit Merkmale erhalten und erkennbar sind, stimmen sie mit denen von Phylloceras viator (D'ORBIGNY) überein.

Die Umgänge tragen in unregelmäßigen aber engen Abständen stehende, schwach erhobene rippenähnliche Radialfalten wechselnder Stärke, die etwas unterhalb der Mitte der Flanken beginnen und am vorliegenden Stück leicht abgeschwächt über die Externseite ziehen — dadurch ähnelt es besonders der von TRAUTH (1923, p. 224) als *Phylloceras viator var. villanyensis* beschriebenen Form, bei *Phylloceras viator s. str.* ziehen sie sehr kräftig über die Externseite. Die beschriebenen Falten sind auch am Steinkern undeutlich zu erkennen.

Calliphylloceras disputabile (ZITTEL 1869)

1919 *Phylloceras cf. Demidoffi* TRAUTH, p. 336.
1923 *Phylloceras Demidoffi* TRAUTH, p. 222 (ibid. Lit.).
1956 *Calliphylloceras disputabile* ARKELL, p. 183, 190, 208, 325, 333.

12 juvenile Exemplare, das größte erreicht einen Durchmesser von 38 mm, z. T. nur Steinkerne.

Es handelt sich um eine mäßig dicke Form mit stark umgreifenden, ziemlich rasch zunehmenden Windungen. Der Nabel ist tief eingesenkt und relativ groß. Die Externseite ist abgerundet, die Flanken sind mäßig stark nach außen gewölbt, die größte Breite der Windungen liegt etwas unterhalb der Flankenmitte.

Wie schon KUDERNATSCH und POPOVICI-HATZEG (1905, p. 13) angeben, ist die Schale bei jungen Exemplaren — bis zu einem Durchmesser von ungefähr 45 mm — ganz glatt.

Die Steinkerne sind ebenfalls glatt und zeigen die für die Art charakteristischen sichelförmigen Einschnürungen, die in regelmäßigen Abständen stehen, auf einen Umgang kommen jeweils 4 bis 5 derartige Furchen. Diese Einschnürungen sind vor allem nach vorne zu durch eine deutliche Kante scharf abgegrenzt. Sie sind auf den Flanken merklich nach rückwärts geschwungen und biegen nahe der Externseite scharf nach vorne, auf der Externseite treffen sie sich in einer Rundung unter ziemlich spitzem Winkel. An der Schale sind diese Einschnürungen bei ganz kleinen Exemplaren — bis zu einem Durchmesser von etwa 15 mm — überhaupt nicht zu erkennen, bei etwas größeren Exemplaren entspricht ihnen eine leichte Eindellung, die vor allem auf der Externseite ausgeprägt ist, dem Nabel zu aber immer flacher wird.

Die Lobenlinie gleicht der von POPOVICI-HATZEG (1905, Abb. 5) von einem jungen Exemplar abgebildeten. Charakteristisch ist der 1. Lateralsattel, der dreiblättrig ist, bzw. ein äußeres und ein sehr tief geteiltes inneres Blatt aufweist.

Verbreitung: Kommt meist zusammen mit dem oben beschriebenen *Phylloceras kudernatschi* HAUER vor, geht aber nach ARKELL (1956, p. 333) vereinzelt auch noch in das Callovian.

Holcophylloceras mediterraneum (NEUMAYR 1871)

1871 *Phylloceras mediterraneum* NEUMAYR. p. 340, tab. 17, fig. 1—5,
1919 *Phylloceras Zignodianum* TRAUTH, p. 336.
1923 *Phylloceras Zignodianum* TRAUTH, p. 222 p. p.
1956 *Holcophylloceras mediterraneum* ARKELL, p. 208, 277 (ibid. Lit.).
non:
1892 *Phylloceras mediterraneum* NEUMAYR & UHLIG, p. 35, tab. 1, fig. 1.

3 mäßig erhaltene Steinkerne. Scheibenförmig mit stark umgreifenden, schnell anwachsenden Windungen. Die Windungen sind seitlich komprimiert und von länglich elliptischem Querschnitt, die Externseite ist abgerundet, die Flanken sind flach. Der Nabel ist tief eingesenkt und relativ groß.

Auf jeder Windung stehen 5 bis 7 flache, aber deutlich sichtbare Einschnürungen, die sowohl am Steinkern als auch auf der Schale in gleicher Stärke zu erkennen sind. Diese Einschnürungen sind sichelförmig nach vorne geschwungen, sie sind auf der Flankenmitte etwas breiter als in der Nähe des Nabels und auf der Externseite.

Holcophylloceras zignodianum (D'ORBIGNY 1847) wurde oft mit der vorliegenden Art vereinigt (vgl. TRAUTH 1923, p. 222, Synonymliste), jedoch sind bei ihm die Einschnürungen auf den Flanken zungenförmig nach vorne ausgezogen (v. NEUMAYR 1871, p. 341; POPOVICI-HATZEG 1905, tab. 3, fig. 1), während dies bei der vorliegenden Art nicht vorhanden ist.

Die am kleinsten der vorliegenden Exemplare (Durchmesser = 11 mm) erkennbare Lobenlinie gleicht der von POPOVICI-HATZEG (1905, Abb. 6b) abgebildeten eines jungen Exemplares. Hingewiesen sei auf den dreiblättrigen 1. Lateralsattel, der bei *Holcophylloceras zignodianum* zweiblättrig ist.

Verbreitung: Als typischer Bathonian-Ammonit in der gesamten Tethys verbreitet, meist zusammen mit *Phylloceras kudernatschi* und *Calliphylloceras disputabile*.

Lytoceras polyhelictum BÖCKH 1881

1881 *Lytoceras polyhelictum* BÖCKH, p. 35, tab. 1, fig. 2—3.
1892 *Lytoceras polyhelictum* NEUMAYR & UHLIG, p. 39, tab. 3, fig. 2a—d.

1919 *Lytoceras aff. polyhelicto* TRAUTH, p. 336.
1956 *Lytoceras polyhelictum* ARKELL, p. 362.
1963 *Lytoceras polyhelictum* PFAFFENGOLZ, p. 48.

13 Steinkerne, Durchmesser 8—35 mm. Scheibenförmig mit sehr langsam anwachsenden wenig umgreifenden Windungen.

Der Nabel ist flach und sehr groß, die Nabelweite beträgt fast die Hälfte des Gesamtdurchmessers. Die Windungen sind von abgerundet-quadratischem Querschnitt, sie sind um eine Spur höher als breit. Die Flanken und die Externseite sind gut gerundet, die größte Breite liegt in der Flankenmitte.

Die Windungen sind mit tiefen, unter einem Winkel von etwa $70°$ nach vorne geneigten Einschnürungen versehen. Diese laufen in gerader Linie über die Flanken, sie sind an den innersten Umgängen nur sehr undeutlich ausgebildet. Auf jeden Umgang entfallen 4 bis 5 derartige Einschnürungen.

Die Lobenlinie ist mit der von NEUMAYR & UHLIG (1892, tab. 3, fig. 2c) abgebildeten identisch.

Lytoceras tripartitiforme GEMMELLARO 1877 ist der vorliegenden Art sehr ähnlich. Der einzige Unterschied liegt in den Einschnürungen, die bei der vorliegenden Art geradlinig, bei *Lytoceras tripartitiforme* nach rückwärts und oben gewölbt verlaufen.

Verbreitung: Nach ARKELL nur aus dem Bathonian bekannt. Sie wurde außer den alpinen Klaus-Schichten noch aus dem unteren Bathonian von Aserbeidschan und aus dem Kaukasus beschrieben.

Choffatia cf. caroli (GEMMELLARO 1872)
(Abb. 3)

cf.:
1898 *Perisphinctes Caroli* SIEMIRADZKI, p. 291, tab. 24, fig. 35 (ibid. Lit.).
1919 *Perisphinctes aff. Caroli* TRAUTH, p. 336.

Ein stark verwitterter Steinkern. Er besitzt einen Gesamtdurchmesser von rund 22 cm und ist der größte Ammonit unserer Fauna. Leider ist die Oberfläche in einem Maße angewittert, daß eine sichere artliche Bestimmung unmöglich erscheint. Er ist scheibenförmig, mit relativ wenig umgreifenden Windungen und weitem Nabel. Die Windungen sind von abgerundet-dreieckigem Querschnitt, die größte Breite liegt in der unmittelbaren Nähe des Nabels — sie beträgt etwa zwei Drittel der Windungshöhe — von wo aus sich die Windungen langsam gegen die gerundete Externseite verschmälern. Diese Merkmale stimmen recht gut mit denen von *Choffatia caroli* GEMMELLARO 1872 überein.

Auch die Lobenlinie ist der von *Choffatia caroli* recht ähnlich; der einzige auffallende Unterschied liegt im Externsattel, der etwas breiter und in seiner halben Höhe stärker eingeschnürt ist als bei jener Art.

Abb. 3: *Choffatia cf. caroli* (GEMM.), Lobenlinie.

Grossouvria pronecostata nov. spec.
(Taf. 2, Fig. 10, Abb. 4)

1919 *Perisphinctes (Grossouvria) pronecostatus* nov. spec. TRAUTH, p. 336 (nomen nudum).

Holotypus: Das Taf. 2, Fig. 10, abgebildete Exemplar. Naturhistorisches Museum Wien, Akquis. Nr. 1912 — VIII — 85.

Locus typicus: Neuhauser Graben bei Waidhofen/Ybbs, N. Ö.

Stratum typicum: klastisches Bathonian („Neuhauser Schichten").

Derivatio nominis: pronus (lat. = nach vorne geneigt, costata (lat.) = gerippt.

Diagnose: Eine *Grossouvria* mit schräg gegen vorwärts gewölbt aufsteigenden, nach vorne konkaven Rippen.

Beschreibung: 21 Exemplare mit einem Gesamtdurchmesser zwischen 7 und 50 mm, teilweise mit Schale.

Die Art ist ziemlich weitgenabelt, dick-scheibenförmig, mit wenig umgreifenden Windungen.

Die Windungen besitzen zu Beginn einen breit-ovalen Querschnitt, sie gewinnen aber mit zunehmendem Wachstum allmählich an Höhe, bis etwa bei einem Gesamtdurchmesser von 30 mm die Windungshöhe gleich groß wie die Breite wird, in den folgenden Windungen sogar etwas größer.

Die Flanken sind gerundet, die abgerundete Externseite ist bei den inneren, relativ breiten Umgängen etwas abgeflacht. Die größte Breite der Windungen liegt annähernd in der Mitte der Flanken. Der Abfall zum Nabel, dessen Weite annähernd die Hälfte des Gesamtdurchmessers beträgt, ist schräg geneigt.

Die Skulptur besteht von den innersten Umgängen an aus schräg gegen vorwärts aufsteigenden und nach vorne konkaven, in ihrem letzten Abschnitt gespaltenen, ziemlich scharfen Rippen. Die Spaltungsstelle der Rippen liegt bei den inneren Windungen nahe der Externseite, so daß sie vom darauf folgenden Umgang bereits verdeckt und nicht mehr sichtbar sind. Von einem Gesamtdurchmesser von etwa 25 mm an rückt die Spaltungsstelle weiter nach innen zu, bis sie schließlich bei den größten vorliegenden Exemplaren in der halben Flankenhöhe liegt. Auf der Endwirkung des größten vorliegenden Exemplares ist die Verbindung der Hauptrippen mit den vorderen Spaltrippen derartig undeutlich, daß diese bereits als isoliert von den Hauptrippen erscheinen. Auf der Externseite sind die Rippen etwas abgeschwächt, aber nicht unterbrochen.

Die Lobenlinie zeigt durch ihren einfachen Bau die Verwandtschaft mit *Grossouvria subtilis* (NEUMAYR 1871), der breite Externsattel wird durch eine Einkerbung in zwei nahezu symmetrische, selbst wieder seicht geteilte Enden zerlegt. Der Nahtlobus fällt zur Naht schräg ab und ist etwas länger als der dreispitzig endende Laterallobus.

Abb. 4. *Grossouvria pronecostata* nov. spec. Lobenlinie.

Vergleich mit verwandten Arten: *Grossouvria subtilis* (NEUMAYR 1871) steht der vorliegenden Art sehr nahe. Der Hauptunterschied liegt in der Gestalt der Rippen, die bei ihr leicht sichelförmig geschwungen sind und daher in ihrer oberen Hälfte etwas gegen rückwärts geschwungen sind, während sie bei der vorliegenden Art eindeutig nur nach vorwärts gekrümmt sind.

Grossouvria subtiliformis (SIMIONESCU 1905) bildet, was die Skulptur anbelangt, eine Übergangsform zwischen diesen beiden Arten: bei ihr verlaufen die Rippen ohne Krümmung geradlinig etwas nach vorne geneigt.

Maße in mm:

Exemplar:	Holotypus	2	3
Durchmesser:	26,8	46,2	20,3
Höhe der letzten Windung:	7,7	15,8	6,1
Breite der letzten Windung:	8,3	14,2	7,3
Nabelweite:	13,7	20,5	11,2

Ökologische Folgerungen

Die vorliegende Fauna dürfte zum größten Teil autochthon sein, es handelt sich überwiegend um sehr dünnschalige Formen, die ein Verdriften über größere Strecken kaum überstehen. Mit Sicherheit allochthon sind die vorkommenden Phylloceratiden und Lytoceratiden, die allgemein als Hochseebewohner gelten (vgl. z. B. LADD 1957, p. 873). Die relativ große Individuenzahl von *Grossouvria pronecostata* nov. spec. läßt vermuten, daß sie zumindest die neritische Zone bewohnte.

Über den Lebensraum der sehr häufig vorkommenden *Serpula (C.) socialis* GOLDFUSS ist bisher in der Literatur nichts bekannt geworden, die Form der Röhrenbündel (langgestreckt, um eine Achse konzentrisch angelegte Röhren) läßt annehmen, daß die Art primäre oder sekundäre Hartböden bewohnte, *Serpula (C.) flaccida* GOLDFUSS dürfte auf sekundären Hartböden gelebt haben (vgl. p. 5).

Die Mehrzahl der vorliegenden Gastropoden bilden Formen des litoralen Hartbodenbenthos (z. B. *Puncturellopsis granulata* Sow., *Scurria nitida* [DESLONGCHAMPS] usw.). Dasselbe gilt wohl für den überwiegenden Teil der vorkommenden Bivalven. Die einzige sichere Ausnahme stellt *Astarte modiolaris* (LAMARCK) dar, da die jurassischen Astartiden weiche Schlammböden bevorzugten (vgl. z. B. LADD 1957, p. 499); über die Wassertiefe, in der sie lebten, ist allerdings nichts bekannt, Litoral- oder Sublitoralbereich sind durchaus nicht ausgeschlossen.

Die vorliegenden Ammoniten sind exklusive Tethysbewohner und geben zusammen mit *Complexastrea cottaldina* (D'ORB.) einen Hinweis auf warmes Wasser. Nicht nur das Sediment, auch das Vorkommen von *Velata abjecta* (PHILLIPS) bzw. einer sehr ähnlichen Form beweist zumindest zeitweise stärkere Wasserbewegung. Auf Süßwassereinfluß fehlt jeder Hinweis.

Es handelt sich daher um eine vollmarine Warmwasserfauna des Litoral — inneren Sublitoral.

Stratigraphische Folgerungen

Verbreitung der stratigraphisch bezeichnenden Arten

	Bajocian	Bathonian U.	Bathonian M.	Bathonian O.	Callovian
Puncturellopsis granulata (Sow.)		+	+	+	
Scurria nitida (Desl.)			+	+	
Pseudomelania (Rh.) multistriata (Gemm.)		+	+		
Neridomus involuta (Lyc.)			+		
Purpuroidea lycettea (Hudl. & W.)		+	+		
Globularia lorieri (d'Orb.)	+	+	+	+	
Globularia formosa (Morr. & Lyc.)		+	+	+	
Eonavicula minuta (Sow.)		+	+	+	+
Parallelodon elongatus (Sow.)	+	+	+		
Pteria (Pt.) digitata (Desl.)	+	+	+	+	
Pteria (Pt.) notabilis (Terqu. & J.)		+	+		
Liostrea acuminata (Sow.)		+	+	+	
Lima (L.) complanata Laube		+	+	+	+
Lima (Limatula) globularia Laube			+	+	
Astarte modiolaris (Lam.)	+	+	+	+	+
Astarte pulla Roemer		+			
Anisocardia nitida (Phill.)		+	+	+	
Corbis obovata Laube				+	+
Lucina depressa Morr. & Lyc.		+			
Procymatoceras subtruncatum (Morr. & Lyc.)	+	+	+	+	
Phylloceras kudernatschi Hauer		+	+	+	
Calliphylloceras disputabile (Zitt.)		+	+	+	
Holcophylloceras mediterraneum (Neum.)		+	+	+	
Lytoceras polyhelictum Böckh		+	+	+	

Zur stratigraphischen Beurteilung der untersuchten Schichten kommen vor allem die Cephalopoden in Betracht.

Bei Hinweglassen der nur als affinis bzw. confer bestimmten Formen verbleiben als stratigraphisch bedeutsam folgende Arten:

Phylloceras kudernatschi Hauer besitzt in der Tethys weite Verbreitung, ist aber überall auf das Bathonian beschränkt und tritt vor allem im unteren Bathonian besonders häufig auf: das gilt auch für die von Loczy (1914) beschriebenen Schichten von Villany in Südungarn, die seinerzeit von Trauth zum Vergleich herangezogen wurden, da die nur 3 m mächtigen Ammonitenmergel nach Arkell (1956, p. 191) im Gegensatz zur Einstufung durch Loczy nicht nur Callovian, sondern mit Sicherheit auch Bathonian umfassen, was u. a. mit dem Vorkommen von *Phylloceras kudernatschi* Hauer begründet wird.

Calliphylloceras disputabile (Zittel) kommt ebenfalls meist zusammen mit *Phylloceras kudernatschi* Hauer vor. Die Art ist bis jetzt nur ein einziges Mal auch aus Callovian-Schichten bekannt geworden (Mandawa River in Tanganyika — E-Afrika, v. ARKELL 1956, p. 333).

Holcophylloceras mediterraneum (NEUMAYR) ist vielfach mit den beiden erstgenannten Arten assoziiert, und ebenfalls ein vor allem für das untere Bathonian charakteristisches Fossil.

Lytoceras polyhelictum BÖCKH ist eine hauptsächlich aus den alpinen Klaus-Schichten bekannt gewordene Form, die aber auch in ihren außereuropäischen Vorkommen auf den unteren Abschnitt des Bathonian beschränkt ist (ARKELL 1956, p. 362).

Von den speziell bestimmten Gastropodenarten kommt eine im oberen Bajocian und im gesamten Bathonian vor — *Globularia lorieri* (D'ORBIGNY), zwei kommen nur im Bathonian vor — *Puncturellopsis granulata* (SOWERBY) und *Globularia zelima* (D'ORBIGNY), zwei sind auf das Unter- und Mittelbathonian beschränkt — *Purpuroidea lycettea* (HUDLESTON & WILSON) und *Pseudomelania (Rh.) multistriata* (GEMELLARO), und zwei wurden bisher nur aus dem Mittel- und Oberbathonian bekannt — *Scurria nitida* (DESLONGCHAMPS) und *Neridomus involuta* (LYCETT).

Die Lamellibranchiaten zeigen — abgesehen von den als cf. beschriebenen Formen und den Arten, die für eine genaue Einstufung unbrauchbar sind, da sie im gesamten Dogger vorkommen — folgendes Bild:

Bis auf zwei Arten kommen alle im Unter- und im Mittelbathonian vor. Drei Arten sind auf diesen Abschnitt beschränkt — *Pteria (P.) notabilis* (TERQUEM & JOURDY), *Astarte pulla* ROEMER und *Lucina depressa* MORRIS & LYCETT — letztere kommt vielleicht auch schon im obersten Bajocian vor (?). Zwei Arten sind nur aus dem Bathonian bekannt — *Liostrea acuminata* (SOWERBY) und *Anisocardia nitida* (PHILLIPS); zwei Arten reichen über das Bathonian hinaus in das unterste Callovian — *Eonavicula minuta* (SOWERBY) und *Astarte modiolaris* (LAMARCK). *Pteria (P.) digitata* (DESLONGCHAMPS) reicht vom Bajocian bis in das Oberbathonian, *Parallelodon elongatus* (SOWERBY) reicht vom Bajocian bis in das Mittelbathonian. Zwei der vorliegenden Arten wurden bisher ausschließlich aus dem Oolith von Balin bei Krakau beschrieben — *Lima (Limatula) globularis* LAUBE, der nach ARKELL (1956, p. 480) das Oberbathonian und das Untercallovian umfaßt.

Aus dem Gesagten ergibt sich m. E. mit Sicherheit, daß die Schichten stratigraphisch auf das Bathonian beschränkt sind, und mit größter Wahrscheinlichkeit, daß sie nur das Unter- und Mittelbathonian umfassen.

„Neuhauser Schichten" — „Neuhauser Fazies"

Der Ausdruck „Neuhauser Schichten" wurde von TRAUTH (1919, p. 338) als Lokalname für die „litorale Ausbildungsart des alpinen Bathonian (resp. Klausschichten-Niveaus), wie sie uns in dem grobklastisch-kalkigen Gestein des Neuhauser Grabens mit seiner von Bivalven und Gastropoden beherrschten Fauna entgegentritt" geprägt. Der Begriff bezeichnete also ursprünglich nicht nur eine bestimmte Gesteinsfazies — grobklastisch-kalkiges Küstensediment — sondern auch einen genau bezeichneten biostratigraphischen Horizont: Bathonian.

Der Begriff erfuhr durch TRAUTH später (1923, p. 183) seinem Umfang nach zwei Veränderungen: einerseits wurde seine Verwendung regional auf Gesteine der Klippenzone beschränkt, andererseits wurden unter der Bezeichnung „Neuhauser Schichten s. l." alle sandig-schiefrigen Bildungen mitteljurassischen Alters zusammengefaßt; die Bezeichnung „Neuhauser Schichten s. str." sollte offensichtlich weiter nur Bathonian-Ablagerungen vorbehalten sein, in Analogie zur damals üblichen Verwendung der Bezeichnung „Grestener Schichten s. l." = klastische Ablagerungen des gesamten Lias — und „Grestener Schichten s. str." = ebensolche Schichten des unteren Lias. Dadurch wurde die bis dahin gebräuchliche Bezeichnung „Doggerschichten in Grestener bzw. in Neuhauser Fazies" ersetzt. ARKELL machte TRAUTH (1956, p. 162) zwar einerseits den Vorwurf, er präge beinahe für jeden Aufschluß einen neuen „formation"-Namen, andererseits meinte er, daß die Grestener Schichten örtlich vom untersten Lias bis in das Bajocian (?!) reichen.

Heute versteht man allgemein unter „Grestener Schichten" klastische Liasablagerungen und unter „Neuhauser Schichten" entsprechende Ablagerungen des Doggers der Klippenzone. Es ist allerdings zu beachten, daß zwar Grestener Schichten nachgewiesenermaßen im gesamten Lias vorkommen, andererseits das Vorkommen von Neuhauser Schichten im Aalenien (untersten Bajocian im Sinne ARKELLS 1956) und im Callovian der österreichischen Klippenzone zwar möglich, aber nicht eindeutig paläontologisch belegt ist.

Vergleich mit gleichaltrigen Faunen und Sedimenten

Ein Vergleich der hier beschriebenen Neuhauser Schichten und ihrer Fauna mit entsprechenden Schichten der Klippenzone liegt nahe. Lithologisch und faunistisch die größte Ähnlichkeit zeigen die Neuhauser Schichten mit solchen in der Nähe Wiens (Lainzer Tiergarten). Auffällig bei diesen ist das häufige Vorkommen von Brachiopoden und ein relativ artenreiches Auftreten von Oppelien und Parkinsonien (TRAUTH 1923), was die Auffassung stützt, daß diese Ablagerungen dem Südrand des Sedimentationstroges der Klippengesteine entstammen und damit näher dem bathyalen Bereich der Juratethys abgelagert wurden als die eigentliche Grestener Klippenzone.

In den Karpaten entspricht am besten der Dogger der von KSIAZKIEWICZ (1956) beschriebenen Bachowicer Serie. Diese Serie wurde nur auf Grund fossilführender exotischer Blöcke aus Paläozän- und Eozänablagerungen der subsilesischen Zone beschrieben und rekonstruiert und zeigt im Mitteljura überwiegend fein- bis grobkörnige Sandsteine und Konglomerate. Nachgewiesenes obermitteljurassisches Alter besitzen zwar nur die vorkommenden Posidonien-Mergel und bunten pelitischen Kalke mit Crinoiden, der Vergleich mit den vorliegenden Neuhauser Schichten ist aber durchaus zulässig, da auch z. B. aus der Umgebung Wiens die Verknüpfung der Neuhauser Schichten mit gleichaltrigen grauen bis rötlichgrauen Crinoidenkalken beschrieben wurde (TRAUTH 1930, p. 55). Im Bathonian der Bachowicer Serie wurden neben *Posidonia alpina* GRAS. nur *Phylloceras kudernatschi* HAU. und *Calliphylloceras disputabile* (ZITT.) gefunden, die auch in der hier beschriebenen Fauna vorkommen. Diese Tatsachen können zwar nicht als Beweis, aber als Stütze der von PREY (1960) vertretenen Ansicht betrachtet werden, wonach die Grestener und die Hauptklippenzone im Gegensatz zur St. Veiter Klippenzone ihre Fortsetzung in den äußeren Karpatenklippen der subsilesischen Zone besitzen. Vergleichbar ist auch das niveaumäßig entsprechende Schichtglied der Czorsztyn-Serie (= subpieninische Serie ANDRUSOVS) der inneren Karpatenklippen. Hier ist das Bathonian-Callovian durch roten Crinoidenkalk („Czorsztynkalk") mit *Calliphylloceras disputabile* (ZITT.), *Holcophylloceras mediterraneum* (NEUM.), Gastropoden und Lamellibranchiaten vertreten, doch finden sich faziell vergleichbare Sandsteine nur mit dem Einsetzen der Sedimentation dieser Serie im Unteraalenien in der geringen Mächtigkeit von 0,5 m, im Bajocian finden sich nur weiße dichte Crinoidenkalke. BIRKENMAJER sieht die östliche Fortsetzung der Grestener Zone ebenfalls in der Bachowicer Serie, allerdings mit der Einschränkung, daß die Bachowicer Serie den Grestener Klippen nicht direkt entspricht, sondern einem seichteren (?) Teil des Beckens entstammt (1961, p. 209). Die größte Ähnlichkeit in der stratigraphischen Abfolge und im Gesteinscharakter — nicht in der tektonischen Stellung — sieht der genannte

Autor in der Branisko-Serie der inneren Karpatenklippen, was m. E. aber zumindest für den Bereich des Doggers nur in geringem Maße zutrifft.

In den faziell andersgearteten, aber gleichaltrigen Schichtgliedern der Klippenzone — wie z. B. den Zeller Schichten — finden sich dieselben Ammonitenarten wie in den Neuhauser Schichten, was nicht weiter aufschlußreich ist.

Mit Bereichen außerhalb der Klippenzone lassen sich immer nur Teile der vorliegenden Fauna vergleichen. Die Gastropoden und Lamellibranchiaten finden sich in zahlreichen Faunen gleichaltriger Schichten Englands, W-Frankreichs, Deutschlands, der Schweiz und Polens, die alle im neritischen Randbereich des Doggermeeres (im Sinne NEUMAYRS und UHLIGS) liegen und denen daher die vorliegenden Ammoniten fehlen, die wiederum aus dem gesamten Tethysbereich in der gleichen Vergesellschaftung — allerdings meist zusammen mit zahlreichen anderen Arten — bekannt geworden sind. Interessant ist vielleicht noch die klassische Fauna von Balin/Krakau zu erwähnen, die einige auch in Neuhaus vorkommende Mollusken und dabei als einzigen vorkommenden Ammoniten dem *Phylloceras kudernatschi* HAU. nahestehende juvenile Exemplare beinhaltet (UHLIG 1884).

Zusammenfassung

Aus dem Dogger der niederösterreichischen Klippenzone wird die Fauna der Neuhauser Schichten — 1 Koralle, 2 Serpuliden und 40 Molluskenarten — beschrieben. Neue Arten sind:

Amberleya (A.) trauthi n. sp.
Lima (L.) praecostulata n. sp.,
Lucina herculea n. sp.,
Lucina praetruncata n. sp.,
Grossouvria pronecostata n. sp.

Das Alter der Schichten ist U.-M. Bathonian.

Sowohl das grobklastische Sediment als auch die Fauna erweisen küstennahe Ablagerung.

Literatur

ALLOITEAU, J., 1957: Contribution à la systématique des Madréporaires fossiles. — 2 Bd. (571 p. & Tafelbd.). Paris.

D'ARCHIAC, M., 1843: Description géologique du Département de l'Aisne. — Mém. Soc. géol. France (1843), p. 129—418, tab. 25—31. Paris.

ARKELL, W. J., 1956: Jurassic Geology of the World. — 757 p., 46 tab. London.
— & COX, L. R., 1949: A Survey of the Mollusca of the British Great Oolite Series. — XXIV+105 p. London (Palaeontogr. Soc.).
BIRKENMAJER, K., 1961: Remarks on the Geology of the Grestener Klippenzone, Voralpen (Austria). — Bull. Acad. Pol. Scien. Sér. géol. & géogr. *9*/4, p. 205—211. Warschau.
— 1962: Remarks on the Geology of the Pienninische Klippenzone near Vienna (Austria). — Bull. Acad. Pol. Scien. Sér. géol. & géogr. *10*/1, p. 19—25. Warschau.
— 1963: Stratigraphy and Palaeogeography of the Czorsztyn series (Pieniny Klippen Belt, Carpathians) in Poland. — Stud. Geol. Pol. *10*, p. 241—380, tab. 1—25. Warschau.
BÖCKH, J., 1882: Adatok a Mecsekhegyśeg és Dombvidéke jurakorbeli lerakodásainak ismeretekéz. II. Palaeontologiai rész. Ertkezések a természettudomanyok köreböl. — Abh. natw. Cl. ung. Akad. Wiss. *11* (1881).
BRANCO, W., 1879: Der untere Dogger Deutsch-Lothringens. — Abh. Geol. Spezialkarte Elsaß-Lothr. *2*, 1. Straßburg.
BRAUNS, D., 1869: Der mittlere Jura im nordwestlichen Deutschland. — 313 p., 2 tab. Kassel.
BRÖSAMLEN, R., 1909: Beitrag zur Kenntnis der Gastropoden des schwäbischen Jura. — Palaeontogr. *56*, p. 177—322, tab. 17—22. Stuttgart.
CLERC, M., 1904: Étude monographique des Fossiles du Dogger de quelques gisements classiques du Jura Neuchâtelois et Vaudois. — Mém. Soc. Pal. Suisse *31*, 107 p., 3 tab. Genf.
COSSMANN, M., 1885: Contribution à l'étude de la faune de l'étage bathonien en France (Gastrop.). — Mém. Soc. Géol. France 3e sér. *3*, 374 p., 18 tab. Paris.
DESHAYES, G.-P., 1843: Traité élémentaire de Conchyologie. — *2*, 384 p., 132 tab. Paris.
DESLONGCHAMPS, E., 1838: Mémoire sur le Poekilopleuron Bucklandii, grand saurien fossile, intermédiaire entre les crocodiles et les lézards. — Mém. Soc. Linn. Norm. *6*, p. 37—146, tab. 1—8. Caen.
— 1842: Mémoire sur les Patelles, Ombrelles, Calyptrées, Fissurelles, Emarginulines et Dentales fossiles des terrains secondaires du Calvados. — Mém. Soc. Linn. Norm. *7*, p. 3—138, tab. 7—10. Caen.
FIEBELKORN, M., 1893: Die norddeutschen Geschiebe der oberen Juraformation. — Zeitschr. Dtsch. Geol. Ges. *45*, p. 378—450. Berlin.
FUCINI, A., 1911: Fossili nuovi o interessanti del Batoniano del Sarcidano di Laconi in Sardegna. — Atti Soc. Tosc. Sc. Nat. Mem. *27*, p. 93—110, tab. 1. Pisa.
GEMMELLARO, G. G., 1868: Studi paleontologici sulla fauna del calcara a Terebratula janitor del Nord di Sicilia. Parte I. — 56 p., 12 tab. Palermo.
— 1872—1882: Sopra alcune faune giurese a liasiche della Sicilia. — 434 p., 31 tab. Palermo.

GEYER, G., 1911: Erläuterungen zur Geologischen Karte der im Reichsrate vertretenen Königreiche und Länder der österr.-ung. Monarchie, Blatt Weyer. — Geol. R. A. Wien, 60 p. Wien.

GOLDFUSS, A., 1826—1833: Petrefacta Germaniae I. — 234 p., tab. 1—72. Düsseldorf.

— 1834—1840: Petrefacta Germaniae II. — 298 p., tab. 72—165. Düsseldorf.

— 1841—1844: Petrefacta Germaniae III. — 120 p., tab. 166—199. Düsseldorf.

GREPPIN, E., 1899: Description des fossiles de la Grand Oolithe des environs de Bâle. — Mém. Soc. Pal. Suisse 26. Genf.

HABER, G., 1932: Gastropoda, Amphineura et Scaphopoda jurassica 1. — Fossilium Catalogus 53, 304 p. Berlin.

HAUER, FR. V., 1854: Die Heterophyllen der österreichischen Alpen. — Sitz. Ber. math.-natw. Cl. Akad. Wiss. 12, p. 861. Wien.

HUDLESTON, W. H., 1887—1896: A Monograph of the British Jurassic Gasteropoda. Part I (No. 1—9) Gasteropoda of the Inferior Oolite. — Palaeontogr. Soc. 514 p., 44 tab. London.

— & WILSON, E., 1892: A Catalogue of British Jurassic Gasteropoda. — XXIII+148 p. London.

KOBY, F., 1885: Monographie des Polypiers Jurassiques de la Suisse 5. — Mém. Soc. Pal. Suisse 12. Genf.

KSIAŻKIEWICZ, M., 1956: Jura i Kreda Bachowic. — Rocznik Pol. Tow. Geol. 24/2—3 (1954), p. 121—405, tab. 11—32, 61 Abb. Krakau.

KUDERNATSCH, J., 1852: Die Ammoniten von Swinitza. — Abh. Geol. R. A. 1, p. 1—16, tab. 1—4. Wien.

LAMARCK, J. B. P. A. DE, 1815—1822: Histoire naturelle des Animaux sans vertébres etc. — 7 Bde. Paris.

LAUBE, G. C., 1867: Die Bivalven des Braunen Jura von Balin. — Denkschr. Akad. Wiss. math.-natw. Cl. 27, 53 p., 5 tab. Wien.

LOCZY, L. V., 1914: Monographie der Villányer Callovien-Ammoniten. — Geol. Hung. 1 (1914), p. 255—502, fig. 11—149, tab. 1—14. Budapest.

LYCETT, J., 1863: Supplementary Monograph on the Mollusca from the Stonesfield Slates, Great Oolite, Forest Marble and Cornbrash. — Palaeontogr. Soc., 123 p., 14 tab. London.

MORRIS, J. & LYCETT, J., 1850—1853: A Monograph of the Mollusca from the Great Oolite, chiefly from Minchinhampton and the coast of Yorkshire. Part I. Univalves (1850), 130 p., 15 tab. — Part II. Bivalves (1853), 148 p., 15 tab. Palaeontogr. Soc. London.

NEUMAYR, M., 1871: Jurastudien 3. Die Phylloceraten des Dogger und Malm. — Jahrb. Geol. R. A. 21, p. 297—378, tab. 12—21. Wien.

D'ORBIGNY, A., 1842—1860: Paléontologie française. Terrains Jurassiques. — Paris.

PARSCH, K., 1956: Die Serpuliden-Fauna des südwestdeutschen Jura. — Palaeontogr. (A) 107, p. 211—240, 3 tab. Stuttgart.

PFAFFENGOLZ, K. N., 1963: Geologischer Abriß des Kaukasus, in: Fortschritte der Sowjetischen Geologie. — 351 p., 5 tab., 49 Abb. (Akademie-Verlag) Berlin.
PHILLIPS, J., 1829: Geology of Yorkshire. — 184 p., 14 tab. York.
PREY, S., 1960: Gedanken über Flysch und Klippenzone in Österreich anläßlich einer Exkursion in die polnischen Karpaten. — Verh. Geol. B. A. 1960, p. 197—214. Wien.
ROLLIER, L., 1918: Fossiles nouveaux ou peu connus des terrains secondaires (mésozoiques) du Jura et des contrées environnantes. — Mém. Soc. Pal. Suisse *43*. Genf.
RÖMER, F. A., 1835—1839: Die Versteinerungen des norddeutschen Oolithengebirges. Hannover.
SCHÄFLE, L., 1929: Über Lias- und Doggeraustern. — Geol. Pal. Abh. N. F. *17 (21)*, 2—88 p., 6 tab. Jena.
SCHLIPPE, A. O., 1888: Die Fauna des Bathonien im oberrheinischen Tieflande. — Abh. Geol. Spezialkarte Elsaß-Lothr. *4*, 4. Straßburg.
SIEMIRADZKI, J. v., 1898: Monographische Beschreibung der Ammonitengattung Perisphinctes. — Palaeontogr. *45*, p. 69—352, tab. 20—27, 87 Abb. Stuttgart.
SIMIONESCU, J., 1905: Les Ammonites Jurassiques de Bucegi. — Ann. scient. Univ. Jassy (1905), p. 1—29, tab. 1—4. Jassy.
SOWERBY, J., 1812—1846: The mineral conchology of Great Britain or descriptions of those remains of testaceous animals or shells which have been preserved at various times and dephts in the earth. *1—7*. London.
STAESCHE, K., 1925: Die Pectiniden des Schwäbischen Jura. — Geol. Pal. Abh. 136 p., 6 tab. Jena.
TERQUEM, O. & JOURDY, E., 1869: Monographie de l'étage Bathonien dans le département de la Moselle. — Mém. Soc. Géol. France 2e sér. *9*, 1, p. 1—173, 14 tab. Paris.
TOLLMANN, A., 1963: Ostalpensynthese. — 256 p., 26 Abb., 11 tab. (Deuticke) Wien.
TRAUTH, F., 1919: Die „Neuhauser Schichten", eine litorale Entwicklung des alpinen Bathonian. — Verh. Geol. R. A. (12), p. 333—339. Wien.
— 1921: Über die Stellung der „Pieninischen Klippenzone" und die Entwicklung des Jura in den niederösterreichischen Voralpen. — Mitt. Geol. Ges. *14*, p. 105—264. Wien.
— 1923: Über eine Doggerfauna aus dem Lainzer Tiergarten bei Wien. — Ann. Nat.-Hist. Mus. *36*, p. 167—250, 1 tab. Wien.
— 1930: Geologie der Klippenregion von Ober-St. Veit und des Lainzer Tiergartens. — Mitt. Geol. Ges. *21*, 1928, p. 35—132. Wien.
UHLIG, V., 1884: Zur Ammonitenfauna von Balin. — Verh. Geol. R. A. 1884, p. 201—202. Wien.
ZITTEL, K., 1869: Paläontologische Notizen über Lias-, Jura- und Kreideschichten in den bayrischen und österreichischen Alpen. — Jahrb. Geol. R. A. *18* (1868), p. 599—610. Wien.

Erklärung zu Tafel 1

Fig. 1. *Complexastrea cottaldina* (D'ORB.). Anschliff. Nat. Gr.
Fig. 2. *Amberleya trauthi* nov. spec., Holotypus. Nat. Gr.
Fig. 3. Dasselbe. Paratypus. Nat. Gr.
Fig. 4. *Pseudomelania (Rhabdoconcha) multistriata* (GEMELL.). 2× vergr.
Fig. 5. *Lima praecostulata* nov. spec., Holotypus. 2× vergr.
Fig. 6. *Lucina praetruncata* nov. spec., Holotypus. 2× vergr.
Fig. 7. Dasselbe. 2× vergr.

Erklärung zu Tafel 2

Fig. 8. *Lucina herculea* nov. spec., Holotypus. Nat. Gr.
Fig. 9. Dasselbe, Paratypus (Steinkern). 1,5× vergr.
Fig. 10. *Grossouvria pronecostata* nov. spec., Holotypus. 2× vergr.

Phot.: Dr. B. Kunz.
Originale im Naturhistorischen Museum Wien, Geologisch-paläontologische Abteilung.

Zu: Bruno W. L. Kunz, Die Fauna der Neuhauser Schichten usw. Tafel 1

Zu: Bruno W. L. Kunz, Die Fauna der Neuhauser Schichten usw. Tafel 2

1957 (S I Bd. 166):

Ehrenberg K.: Berichte über Ausgrabungen in der Salzofenhöhle im Toten Gebirge. VIII. Bemerkungen zu den Ergebnissen der Sedimentuntersuchungen von Elisabeth Schmid. S 5.80

Schmid Elisabeth: Von den Sedimenten der Salzofenhöhle (mit 1 Textabbildung und 1 Beilage) S 14.—

Zapfe H. und Hürzeler J.: Die Fauna der miozänen Spaltenfüllung von Neudorf a. d. M. (ČSR). Primates (mit 1 Tafel). S 10.20

1958 (S I Bd. 167):

Bakalow P., Kühn N. und Sacharlewa K.: Die Trias von Kotel (Ost-Balkan). I. Die unterkarnische Ammonitenfauna von Kotel (mit 4 Textabbildungen und 2 Tafeln). S 20.80

Bobies A. Carl: Bryozoenstudien III/2. Die Horneridae (Bryozoa) des Tortons im Wiener und Eisenstädter Becken (mit 3 Tafeln). S 20.70

Tiedt Liselotte: Die Nerineen der österreichischen Gosauschichten (mit 13 Textabbildungen und 3 Tafeln). S 29.60

1959 (S I Bd. 168):

Bachmayer F.: Neue Crustaceen aus dem Jura von Stremberg (ČSR) (mit 2 Tafeln). S 13.50

Kühn O. und Pejović D.: Zwei neue Rudisten aus Westserbien (mit 4 Textabbildungen und 4 Tafeln). S 17.80

Pokorny Gerhard: Die Actaeonellen der Gosauformation (mit 1 Textabbildung und 2 Tafeln). S 31.20

1960 (S I Bd. 169):

Bachmayer F.: Insektenreste aus den Congerienschichten (Pannon) von Brunn-Vösendorf (südl. von Wien), Niederösterreich (mit 2 Tafeln und 8 Abbildungen). S 8.30

Schaffer H.: Interessante obereozäne Echinidenarten aus Bruderndorf (Niederösterreich) und Oberitalien (mit 7 Textabbildungen). S 11.—

1961 (S I Bd. 170):

Bachmayer F.: Neue Insektenfunde aus dem österreichischen Tertiär (Brunn-Vösendorf bei Wien und Weingraben im Burgenland) (mit 2 Textabbildungen und 4 Tafeln). S 170—9, S 13.60

Bernhauser A.: Zur Knochen- und Zahnhistologie von Latimeria chalumnae Smith und einiger Fossilformen (mit 17 Textabbildungen). S 170—6, S 19.40

Ehrenberg K. und Ruckensteiner E.: Bericht über Ausgrabungen in der Salzofenhöhle im Toten Gebirge XIII. Paläopathologische Funde und ihre Deutung auf Grund von Röntgenuntersuchungen (mit 10 Tafeln). S 170—23, S 39.—

Flügel E.: Bryozoen aus den Zlambach-Schichten (Rhät.) des Salzkammergutes, Österreich (mit 3 Textabbildungen und 3 Tafeln). S 170—25, S 20.—

Rutsch R. F. und Steininger F.: Eine neue Pecten-Art aus dem Typus-Profil des Helvétien südlich von Bern (Schweiz) (mit 4 Textabbildungen und 1 Tafel). 170—10, S 18.—

Schaffer H.: Brissus (Allobrissus) miocaenicus, eine neue Echinidenart aus dem Torton Mühldorf (Burgenland) (mit 1 Textabbildung und zwei Tafeln). S 170—8, S 13.20

Zapfe H.: Ergebnisse einer Untersuchung der Austriacopithecus-Reste aus dem Mittelmiozän von Klein-Hadersdorf, NÖ. und eines neuen Primatenfundes aus der Molasse von Trimmelkam, OÖ. S 170—7, S 9.30

1962 (S I Bd. 171):

Schmid Manfred, E., Die Foraminiferenfauna des Bruderndorfer Feinsandes (Danien) von Haidhof bei Ernstbrunn, NÖ. 171—18, S 86.—

If you have any concerns about our products,
you can contact us on
ProductSafety@springernature.com

In case Publisher is established outside the EU,
the EU authorized representative is:
Springer Nature Customer Service Center GmbH
Europaplatz 3, 69115 Heidelberg, Germany

Printed by Libri Plureos GmbH
in Hamburg, Germany